Cinq milliards d'hommes dans un vaisseau

Albert Jacquard

Cinq milliards d'hommes dans un vaisseau

Éditions du Seuil

COLLECTION DIRIGÉE PAR NICOLE VIMARD

EN COUVERTURE : illustration Billi © Art Stock.

ISBN 2-02-009481-9

© ÉDITIONS DU SEUIL, FÉVRIER 1987.

Le Code de la propriété intellectuelle interdit les copies ou reproductions destinées à une utilisation collective. Toute représentation ou reproduction intégrale ou partielle faite par quelque procédé que ce soit, sans le consentement de l'auteur ou de ses ayants cause, est illicite et constitue une contrefaçon sanctionnée par les articles L. 335-2 et suivants du Code de la propriété intellectuelle.

« Il nous faut apprendre à vivre ensemble
comme des frères
sinon nous allons mourir ensemble
comme des idiots. »

Martin Luther King

Cette boule bleue, striée de nuages gris, photographiée au loin par une sonde en partance vers Mars ou vers Jupiter, c'est là que j'habite.

Ou plutôt, c'est là que nous habitons.

Car je n'y suis pas seul. Nous autres les humains, nous y sommes aujourd'hui près de 5 milliards, si nombreux que, pour les compter un par un en passant de l'un à l'autre à chaque seconde, il me faudrait plus de cent soixante ans. Ma vie entière n'y suffirait pas !

Le Petit Prince de Saint-Exupéry se sentait bien isolé sur son astéroïde, entre son volcan à peine éteint et sa rose si susceptible. Il s'y ennuyait. Sur ma planète à moi, la Terre, notre vaisseau spatial, je ne risque guère cette forme d'isolement, ni cet ennui.

Elle peut paraître bien banale. Autour du Soleil gravitent des planètes plus majestueuses, entourées de multiples satellites ou de brillants anneaux. Le Soleil lui-même n'est qu'un élément bien ordinaire de l'amas de milliards d'étoiles qu'est notre galaxie, la Voie

Introduction

lactée. Et des galaxies de cette importance, il y en a des milliards.

Et pourtant, sur cette boule, se sont succédé des événements étranges. Peut-être de semblables se sont-ils produits ailleurs dans l'univers, mais nous n'en avons aucune preuve et, au fond, cela n'a guère d'importance. Ces événements ont abouti à une situation inouïe. Partout les éléments qui peuplent l'univers se contentent d'obéir aux lois de la nature ; partout les objets sont soumis passivement aux forces exercées sur eux. Ici, des êtres sont apparus, nous, capables de comprendre ces lois, de les utiliser, d'infléchir le cours des choses. D'objets ils sont devenus sujets. Ils sont capables (et à notre connaissance, ils sont seuls capables) de dire « je suis », de dire « je veux », de dire « j'aime ». Ils savent que demain existera, et que demain dépend d'eux.

Oui, demain dépend de nous ; il nous faut, à 5 milliards, le construire ; et d'abord le choisir.

CHAPITRE I

Du Big Bang à nous

> *Où l'on rappelle quelques-unes des étapes de l'aventure qui a abouti à cette merveille : nous ; et où l'on propose quelques définitions de notre espèce.*

Un envoyé du Grand Turc, dit-on, fut reçu un jour à la cour du roi de France, à Versailles. On lui fit admirer les statues, les jets d'eau, les salons ; lorsqu'on pensa l'avoir suffisamment ébloui, on lui posa la question : « Qu'est-ce qui vous étonne le plus ici ? » Il répondit : « C'est de m'y voir. »

Dans l'univers qui s'offre à mes yeux, je découvre mille merveilles : des roses, des papillons, des trous noirs ou des galaxies ; mais ce qui m'apparaît le plus étonnant, c'est de m'y voir. Car je suis, moi un homme, à la fois un animal bien ordinaire dépassé en taille, en force, en vitalité, par mille autres espèces, et un être exceptionnel capable de performances inégalées, par exemple de m'interroger sur ma place dans le monde, et sur mon destin. Si on le regarde de l'extérieur, un homme n'est qu'un animal parmi d'autres, à peine discernable des espèces voisines ; s'il s'observe lui-même, chaque homme constate qu'il possède le pouvoir fabuleux de penser « je suis ».

De nombreux ouvrages font le point sur les découvertes et les spéculations permettant de reconstituer le long cheminement qui, à partir de l'apparition, il y a 3,5 milliards d'années, des premières molécules d'ADN, a abouti à l'actuelle diversité des êtres vivants et, parmi eux, à l'homme. Rappelons ici simplement ce que l'on peut considérer comme les principales étapes, celles qui ont marqué des bifurcations décisives, qui ont apporté des possibilités encore jamais explorées.

Le temps neutralisé

La première révolution a été l'apparition du pouvoir de reproduction, pouvoir qui permet de neutraliser le rôle destructeur du temps.

Les éléments de base composant tous les objets que nous observons appartiennent à un nombre bien limité de catégories : les divers atomes, dont la liste est affichée dans toutes les classes de chimie sous la forme d'un tableau un peu intrigant, la « table de Mendeleïev ». Lorsque ce savant russe a établi cette liste pour la première fois en 1869, elle ne comportait que soixante éléments. Depuis, d'autres ont été découverts dans la nature, ou ont été produits artificiellement ; actuellement 105 sont identifiés. C'est avec cette centaine d'éléments que l'univers entier est construit, depuis les objets qui m'entourent ou les organes dont je suis fait, jusqu'aux galaxies les plus lointaines. Les rencontres que provoquent leurs mouvements plus ou moins désordonnés les amènent à s'associer en molécules. Les plus simples de celles-ci, résultats de l'association d'un petit nombre d'atomes, sont produites à de nombreuses reprises et peuvent peu à peu s'accumuler. Mais les plus complexes ont nécessité l'intervention d'un nombre élevé d'éléments ; rares sont les occasions où les ingrédients nécessaires se trouvent rassemblés dans les proportions voulues ; le nombre d'exemplaires reste faible. Ces édifices, construits par le hasard, peuvent avoir, par chance, des propriétés nouvelles, ils peuvent être gros de possibilités jamais encore apparues. Mais, un jour, un événement quelconque les détruit, et la voie nouvelle qui s'offrait ne sera jamais totalement explorée. Le réel semble errer comme un aveugle dans le labyrinthe des possibles, se heurtant sans cesse aux obstacles qui font d'un chemin une impasse. Le temps détruit systématiquement ce qu'il a permis au hasard de construire ; chaque succès est provisoire, aucune accumulation de pouvoirs neufs ne peut se produire.

Tout a changé avec l'apparition d'objets ayant l'étrange capacité de déjouer le rôle destructeur du temps ; ces objets ont le pouvoir de fabriquer des doubles d'eux-mêmes. Du coup, chacun d'eux ne peut disparaître totalement que si toutes les copies de lui-même sont éliminées. Ils sont donc potentiellement « immortels », en donnant à ce mot non un sens métaphysique ou religieux, mais un sens physique.

Sur notre Terre nous ne connaissons qu'un type d'objet ayant strictement ce pouvoir, ce sont les structures chimiques appelées ADN. Elles ne sont pas particulièrement complexes, ce sont de longues « doubles hélices », dont chaque brin est constitué d'une séquence de base appartenant à seulement quatre types : Adénine, Thymine, Guanine et Cytosine. L'attirance réciproque entre les deux premières et entre les deux dernières explique fort simplement la possibilité pour cette structure de faire une copie d'elle-même (voir par exemple *Moi et les Autres*, p. 12). A partir de l'instant où ces structures apparaissent, l'histoire des transformations du monde matériel qui les environne est totalement bouleversée ; car il est dès lors possible d'accumuler les pouvoirs nouveaux apportés par le hasard des combinaisons.

Il n'est pas étonnant que cet événement décisif ait excité l'imagination. Pour certains il était « hautement improbable » et le fait qu'il se soit produit est

Du Big Bang à nous

présenté comme une sorte de miracle. En réalité l'expression « hautement improbable » n'a, dans un tel contexte, aucun sens. Tout événement à venir a une probabilité aussi faible que l'on voudra : il suffit de le décrire avec une grande précision. Il est possible de calculer, compte tenu des habitudes vestimentaires des élèves et de la répartition de leurs tailles, la probabilité pour que, demain à la récréation de 16 heures, il y ait tant d'élèves habillés en bleu, tant en rouge, tant de grands, tant de petits,... ; plus on détaille l'événement en précisant la couleur des pulls, celle des pantalons, celle des chaussettes, ..., plus le nombre de combinaisons s'accroît et donc plus la probabilité de chacune devient faible. Si chaque élève est défini par une vingtaine de caractéristiques, on constate que toute combinaison a une probabilité si faible qu'elle est « pratiquement » nulle. Et pourtant demain on observera dans la cour 3 élèves comme ceci, 5 comme cela,... ; on pourra constater que cet événement, qui avait une probabilité infime, s'est réalisé. Faudra-t-il pour autant crier au miracle ? Non, car il fallait bien qu'une des combinaisons se produise. Calculer la probabilité d'un événement une fois qu'il s'est produit et en sachant qu'il s'est produit est en fait dépourvu de sens.

Que la rencontre de molécules au hasard aboutisse un jour à une double hélice d'ADN était certes infiniment peu probable, mais d'autres combinaisons auraient peut-être eu également le pouvoir de se reproduire et auraient été aussi riches d'avenir. Il se trouve que c'est l'ADN qui a été réalisé.

Impressionnés par la faible probabilité de cette réalisation, certains résolvent ce qu'ils considèrent comme une difficulté logique en admettant que l'ADN est venu d'ailleurs : les plus farfelus imaginent des êtres extraterrestres apportant sur la Terre les premiers ADN ; les plus raisonnables proposent un ensemencement de la Terre par des molécules provenant d'un autre système solaire et ayant traversé sans encombre les espaces intersidéraux. De toute façon, ces hypothèses ne font que reculer la difficulté en reportant ailleurs l'apparition des premiers brins d'ADN.

Plutôt que de se passionner à propos de ces questions qui n'auront sans doute jamais de réponse, il est préférable de chercher à être lucide face aux conséquences de l'événement : en apportant le pouvoir de reproduction, l'invention de l'ADN a provoqué une bifurcation orientant définitivement vers une voie nouvelle tout un ensemble d'objets. Ils sont comme tous les objets faits des mêmes particules élémentaires, mais leurs propriétés sont si inattendues qu'on les classe dans une catégorie à part, les « êtres vivants ».

En fait, cette catégorie comporte des êtres si dissemblables qu'il est bien difficile d'en donner une définition générale. Le concept même de « vie » est bien flou, tant cette vie correspond à des capacités

Du Big Bang à nous

différentes selon les cas. La frontière la plus nette est celle que l'on peut tracer entre les objets qui ne possèdent pas d'ADN, et ceux qui en possèdent. Ces derniers bénéficient du pouvoir de reproduction de cette molécule, soit pour se multiplier, soit pour multiplier les divers éléments qui les constituent.

Le temps créateur

Le mécanisme de la reproduction fournit du nombre, mais ne fournit pas du neuf ; les événements successifs n'exploreraient toujours que des impasses si, de temps à autre, un accident, une erreur de copie, ne se produisait. Grâce à ces « mutations » apparaissent des ADN ayant des séquences plus longues, des structures nouvelles, possédant donc des pouvoirs nouveaux qui, peu à peu, s'accumulent. Mais le rythme de cette évolution est désespérément lent ; d'autant que beaucoup de novations ont des conséquences catastrophiques ; elles empêchent l'être vivant qui en a hérité de survivre, ou diminuent ses chances de résister aux agressions du milieu. Il est balayé par la sélection naturelle ; la novation dont il était porteur disparaît avec lui. Or un caractère nouveau, catastrophique dans l'immédiat, pouvait fort bien camoufler un avantage qui ne serait apparu

Du Big Bang à nous

qu'à long terme ; il se peut aussi que deux ou plusieurs novations, défavorables lorsqu'elles se produisent séparément, entraînent des conséquences bénéfiques lorsqu'elles sont associées chez le même individu. Mais, apparues par hasard, elles seront bien rarement regroupées ; l'effet positif de leur ensemble risque fort de ne jamais avoir l'occasion de se manifester.

Dans de telles conditions, les 3,5 milliards d'années écoulées depuis l'apparition des premières molécules d'ADN auraient été bien insuffisantes pour aboutir à la prolifération des formes vivantes que nous voyons aujourd'hui. Heureusement un événement tout aussi décisif que l'acquisition du pouvoir de se reproduire a totalement changé le mécanisme en action. Il n'est plus question de reproduction, mais de procréation. Ce n'est plus un être qui se dédouble, mais deux êtres qui coopèrent pour en créer un troisième.

Le changement est total ; malheureusement notre esprit est peu exercé à le regarder en face. Nous sommes habitués à observer la rencontre de deux objets et à en constater les conséquences : deux boules de billards se heurtent, elles changent chacune de direction selon une loi parfaitement définie tenant compte de leurs masses, de leurs vitesses, de leurs élasticités, puis elles se retrouvent chacune identique à elle-même ; deux particules, par exemple deux protons piégés dans un synchrotron, entrent en collision de front ; ils s'annihilent et donnent naissance à une gerbe de particules variées ; la composition de

Du Big Bang à nous

cette gerbe est parfaitement définie et l'expérience donne à chaque fois le même résultat.

Mais l'opération par laquelle deux êtres vivants coopèrent pour en fabriquer un troisième est fondamentalement différente. Le secret du mécanisme, secret si bien gardé qu'il est resté insoupçonné jusqu'à la fin du XIXe siècle, est que les êtres possédant cet étrange pouvoir sont en situation de « double commande » : chacune des caractéristiques qu'ils manifestent, même les plus élémentaires, est sous la dépendance de deux facteurs, les deux *gènes*, qu'ils ont reçus de chacun de leurs géniteurs. Ainsi le système sanguin ABO, bien connu en raison de son importance lors des transfusions de sang, résulte chez chacun de nous de l'action de 2 gènes.

La procréation consiste en la transmission, par chacun des parents, et pour chaque caractéristique élémentaire, d'un des deux gènes qu'il possède, ce qui reconstitue un ensemble double. La particularité essentielle de ce mécanisme est de rendre impossible la prévision de l'individu procréé, même si l'on sait tout des deux procréateurs. Supposons que, pour une caractéristique quelconque, ceux-ci possèdent l'un les gènes *a* et *b*, l'autre les gènes *x* et *y*, quatre cas sont possibles pour leur enfant : *ax, bx, ay* et *by*. Dès que le nombre des caractéristiques grandit, celui des combinaisons possibles devient fabuleusement élevé et dépasse de loin les possibilités de notre imagination. Pour en prendre conscience, faisons un calcul

Du Big Bang à nous

rapide : un homme reçoit deux gènes différents pour plusieurs milliers de caractéristiques, admettons, pour simplifier, le nombre 1 000 ; les combinaisons qui peuvent se trouver réalisées lorsqu'il émet un spermatozoïde sont donc au nombre de 2^{1000}, soit un nombre qui s'écrit avec 300 chiffres. Chaque spermatozoïde est si petit que 100 millions d'entre eux pourraient tenir dans un volume d'un millimètre cube. L'univers accessible à nos télescopes géants, lui, est inimaginablement grand, il est une vaste sphère d'environ 15 milliards d'années-lumière de rayon, son volume exprimé en mm^3 est un nombre de 88 chiffres [1], on pourrait donc y faire tenir, en occupant les immenses espaces qui séparent les galaxies, un nombre de spermatozoïdes qui s'écrit avec 96 chiffres ; c'est beaucoup, mais c'est pratiquement négligeable devant un nombre de 300 chiffres. Au-delà de ce calcul inutilement savant, retenons ce fait : notre univers est fort loin de pouvoir contenir tous les types de spermatozoïdes qui pourraient être constitués à partir du patrimoine génétique d'un seul individu.

Ce résultat peut paraître étonnant. En fait il est révélateur de l'extraordinaire capacité de création des mécanismes combinatoires. Raymond Queneau l'a illustré plaisamment par un livre intitulé *Cent Mille Milliards de poèmes*, la lecture complète de ce livre nécessiterait 200 millions d'années ; mais l'auteur ne

---

1. Faites le calcul en sachant qu'une année-lumière équivaut à environ 10 000 milliards de kilomètres, soit 10^{19} millimètres.

Du Big Bang à nous

s'est pas réellement fatigué pour l'écrire : il s'est contenté de composer 10 sonnets ayant en commun, pour chacun de leurs 14 vers, les mêmes rimes ; chaque vers est imprimé sur une languette séparée ; en combinant le premier vers du troisième poème avec le deuxième vers du neuvième poème, ... on obtient un sonnet nouveau que très probablement personne n'a encore lu : au total il y a bien 10^{14} poèmes.

Autrement dit ce qui est réalisé dans les faits n'est qu'un échantillon extrêmement faible de l'ensemble de ce qui pourrait l'être : le réel est une fraction infime des possibles ; ceux-ci sont inépuisables.

Le mécanisme de la procréation est sans doute l'exemple le plus spectaculaire de la mise en jeu des mécanismes combinatoires. Si longtemps que dure la « vie » sur notre Terre, si nombreux que soient les individus qui participent à cette aventure, jamais ne seront exploitées toutes les associations que permet la double commande génétique.

Ce qui est vrai pour un spermatozoïde ou un ovule l'est plus encore pour l'individu résultant de leur fusion. C'est cela qu'a apporté la procréation, ce processus où « deux produisent un », ou ce qui revient au même, « un provient de deux » : l'apparition systématique de combinaisons nouvelles, d'êtres jamais encore rencontrés.

Comment a pu être mis en place ce mécanisme, nul ne le sait. Il semble qu'il soit arrivé relativement tôt au cours de l'histoire de la planète ; il dure sans doute depuis plus de 2 milliards d'années. Bien des auteurs s'étonnent de l'apparition de la vie, c'est-à-dire de l'apparition du pouvoir de reproduction. Il semble plus légitime encore de s'étonner de l'événement qui a fait perdre ce pouvoir, en apportant celui, plus décisif, plus porteur d'avenir, de procréation.

Ce cadeau n'est d'ailleurs pas gratuit ; son prix est élevé : la mort des individus. L'être qui est capable de se reproduire se retrouve présent aussi bien chez l'une que chez l'autre de ses reproductions ; il se multiplie ; comme les Sabines de la légende il est ubiquiste et ne peut guère disparaître. Au contraire, celui qui procrée provoque la réalisation d'un être neuf, véritablement « autre ». Ce processus ne peut se poursuivre, sans aboutir à une accumulation vite asphyxiante, qu'au prix de la disparition des procréateurs. *Être unique, c'est nécessairement être provisoire.*

L'évolution

Grâce à la création systématique d'individus toujours nouveaux, l'ensemble des êtres vivants a pu multiplier les espèces nouvelles, explorer des voies autres, conquérir de nouveaux espaces. Les débuts de l'aventure ont eu lieu dans les océans qui offraient la

Du Big Bang à nous

protection d'un milieu très homogène et constant ; il y a 400 millions d'années sont apparus les premiers amphibiens capables de vivre aussi bien dans l'air que dans l'eau, puis 50 millions d'années plus tard des êtres qui avaient perdu la capacité de respirer dans l'eau et ont exploré les terres émergées. Les accidents de transmission, les mutations, ont fait apparaître des possibilités nouvelles, certaines espèces ont même été capables de vaincre par des moyens très variés la pesanteur et de se déplacer dans les airs.

A chaque novation la sélection naturelle a éliminé sans pitié les individus moins bien armés pour résister aux agressions, celles du milieu ou celles des êtres vivants. Mais le jugement sur ce qui est favorable ou ce qui est défavorable n'est pas toujours facile à porter.

Imaginons un être intelligent vivant aujourd'hui dans une lointaine galaxie située à 200 millions d'années-lumière de la Terre ; imaginons surtout qu'il soit capable de construire un télescope assez puissant pour regarder avec précision ce qui se passe chez nous. Les images qui lui parviennent sont parties de la Terre il y a 200 millions d'années. A cette époque apparaissent des espèces victimes d'un handicap assez redoutable : à leur naissance, les petits n'ont aucune autonomie nutritionnelle ; ils sont obligés, pour survivre, de se nourrir de sécrétions de l'organisme maternel. Nous les appelons des mammifères.

Notre observateur penserait que ces espèces ont été

bien mal dotées par la nature et que leur avenir est fort peut assuré ; certainement la sélection naturelle va prochainement les balayer. Il constaterait d'ailleurs que le paysage terrestre est occupé par des animaux autrement majestueux, d'énormes sauriens, diplodocus ou ichtyosaures, qui écrasent sans même y prendre garde les malheureux petits mammifères qui s'égarent sur leur chemin. Pour sûr, penserait-il, ces grandioses animaux ont l'avenir pour eux. Mais, comme vous le savez, il perdrait son pari. Pour des raisons encore controversées, probablement à cause d'un changement brutal de climat, tous ces robustes sauriens ont disparu à la fin de l'ère secondaire, il y a quelque 65 millions d'années ; au contraire l'aventure des mammifères s'est si bien déroulée qu'ils ont occupé toute la planète.

Quelle a été la cause de ce succès inattendu ? On peut imaginer que le handicap initial, l'absence d'autonomie à la naissance, s'est transformé à long terme en un avantage décisif. Ce handicap entraîne en effet la nécessité pour l'enfant de rester plus ou moins longuement auprès de sa mère et cette « cohabitation » est l'occasion d'une transmission nouvelle. Ce que le jeune reçoit de ses procréateurs est, à l'origine, un ensemble de recettes biologiques : comment fabriquer telle protéine, comment mettre en place tel métabolisme, comment construire tel organe. La période de vie commune avec sa mère lui a permis de recevoir des recettes d'une tout autre nature, des recettes immatérielles, des recettes de comportement. Encore faut-il que mère comme enfant soient capables d'imaginer de tels comportements, de les mémoriser et de les transmettre ; or, il faut pour cela qu'ils soient dotés d'un système nerveux central suffisamment développé.

Du coup, la cible de la sélection naturelle n'est plus du tout la même : peu importe la faiblesse, si le faible sait imaginer une façon d'agir qui lui permette de l'emporter sur le fort ; peu importe de ne pas pouvoir courir vite, si le lent sait, grâce à son imagination, l'emporter sur le rapide. La pression du milieu a, dès lors, donné la meilleure chance non plus aux qualités physiques mais aux capacités d'invention, de mémorisation et de transmission. Le jeu nouveau de la sélection naturelle a privilégié certaines espèces qui, par la chance de quelques mutations, ont accru ces capacités. Parmi les mammifères, la lignée qui a connu l'évolution la plus rapide en ce domaine est celle des primates, ces grands singes dont les plus connus sont les orangs-outans, les gorilles, les chimpanzés. Ceux-ci disposent d'un cerveau riche d'environ 5 milliards de cellules, les neurones, ce qui leur donne de remarquables capacités d'innovation.

Il n'est pas abusif de constater chez eux une certaine forme d'« intelligence », certes rudimentaire mais qui se manifeste par des comportements adaptés à des situations imprévues. Ils peuvent par exemple se servir de branchages comme d'un « outil » leur permettant d'atteindre les fruits qu'ils convoitent. Ils sont donc capables de faire un acte qui n'a de sens qu'en fonction d'un objectif ; l'instant présent est ainsi mis au service de l'instant à venir. Cette anticipation est le signe d'une activité intellectuelle assez remarquable. Cependant cette anticipation reste, semble-t-il, très limitée ; seuls les plus proches instants à venir sont pris en compte ; demain n'a pas d'existence dans leur esprit, ni les jours au-delà, avec leur contenu d'angoisse.

De même les possibilités de communication entre eux sont particulièrement riches et nuancées. Au moyen de gestes, de mimiques, de sons, ils échangent des informations précises. De nombreuses expériences ont été réalisées en vue d'apprendre à des chimpanzés un « langage » abstrait proche du nôtre ; elles ont montré, dans certains cas, qu'ils étaient capables d'une compréhension qui est le signe d'une forme de pensée déjà élaborée. Mais l'écart avec les possibilités humaines reste considérable.

Homo Sapiens

Car, tout primate qu'il soit, *Homo Sapiens* représente une totale novation. Vu au microscope, certes, rien ne le distingue d'un autre mammifère. Tous les

Du Big Bang à nous

mécanismes qui assurent son développement et sa survie sont identiques à ceux qui sont à l'œuvre chez les espèces voisines : les structures des différentes sortes de cellules sont les mêmes ; les substances chimiques qui interviennent dans les innombrables réactions sont identiques. Même dans ce qui représente la définition initiale de chacun de nous, le patrimoine génétique contenu dans l'ovule et le spermatozoïde dont la fusion a été notre point de départ, il est bien difficile de découvrir des éléments spécifiques. Les chromosomes du chimpanzé, du gorille et de l'homme ne diffèrent apparemment que par un très petit nombre de transformations. Il a fallu sans doute peu de mutations pour provoquer le phénomène décisif que l'on appelle l'*hominisation*.

En manière de boutade, et en simplifiant abusivement la véritable révolution qu'il représente, on peut présenter *Homo Sapiens* comme un primate victime de quelques mutations l'amenant à commettre deux erreurs : une erreur de virgule, une erreur de date.

L'erreur « de virgule » concerne le nombre de cellules du cerveau. Lors de la gestation d'un petit chimpanzé, des mécanismes de régulation arrêtent la fabrication de son cerveau lorsque le nombre des cellules (les neurones) atteint environ 5 milliards. Quelques mutations survenues chez l'homme suffisent pour dérégler ces mécanismes et poursuivre cette fabrication jusqu'à un effectif au moins dix fois supérieur. Avec 50, 60 ou peut-être 100 milliards de neurones, le cerveau est si gros que l'enfant est dans l'impossibilité de sortir de sa mère ; isolée, cette première « erreur » serait donc catastrophique.

L'erreur de date, résultant elle aussi de mutations qui dérèglent quelques mécanismes, concerne la naissance. Chez *Homo Sapiens* l'enfant naît bien avant que sa fabrication ne soit terminée. Peu d'espèces, si ce n'est les marsupiaux, tels les kangourous, dont la gestation se termine dans la poche ventrale de leur mère, mettent au monde des bébés aussi inachevés. La plupart des petits animaux sont à leur naissance autrement aptes à se débrouiller. Mais, grâce à cette seconde erreur, les effets désastreux de la première sont effacés ; malgré le nombre excessif des neurones, le cerveau, dont la fabrication est encore loin d'être terminée, ne tient pas trop de place, et la sortie est possible. L'évolution du poids du cerveau est significative de cette immaturité : guère plus de 300 g à la naissance, 900 g à 1 an, 1 400 ou 1 500 g à la puberté. Ce poids est finalement multiplié par 4 ou 5 alors que chez un chimpanzé par exemple il ne fait que doubler. Le développement qui se poursuit ainsi après la naissance ne résulte pas de l'adjonction de nouveaux neurones (ils sont tous en place dès le 5e mois de gestation), mais de l'achèvement de chacun, de la mise en place des multiples cellules annexes qui les rendent fonctionnels, et surtout de la réalisation de l'extraordinaire réseau de connexions qui les relie les

Du Big Bang à nous

uns aux autres. Chaque neurone envoie vers les neurones voisins des milliers, voire des dizaines de milliers de protubérances, les dendrites, qui réalisent une liaison avec les dendrites provenant d'autres neurones, par l'intermédiaire de structures de liaisons appelées *synapses*.

A la naissance la plupart des neurones ne possèdent que quelques centaines de dendrites ; elles se multiplient ensuite, deviennent cent fois plus nombreuses et mettent en place un réseau d'une fabuleuse richesse. Pour caractériser cette richesse un nombre peut être utile, celui de l'effectif total de synapses d'un cerveau humain. Ce nombre certes est imprécis et il est exclu, nous allons voir pourquoi, qu'on le connaisse un jour avec exactitude, mais on peut en évaluer un ordre de grandeur. Si l'on situe l'effectif des neurones à 50 ou 100 milliards et celui des synapses pour chaque neurone entre 10 000 et 20 000, on obtient un total d'un million de milliards, c'est-à-dire un nombre de 15 chiffres. Habitués que nous sommes à entendre évoquer les milliards de francs du budget de l'État, nous ne nous rendons pas compte de l'importance d'un tel nombre ; des images sont nécessaires, par exemple celle du ruban sur lequel on disposerait l'une à côté de l'autre, tous les millimètres, l'ensemble des synapses d'un cerveau. Ce ruban serait si long qu'il permettrait de faire trois allers et retours de la Terre au Soleil, et il resterait encore une longueur suffisante pour faire plus de cent fois l'aller

Du Big Bang à nous

et retour Terre-Lune. Autre image : si nous commençons aujourd'hui à compter les synapses d'un cerveau au rythme d'une par seconde, sans jamais nous arrêter, nous atteindrons la dernière dans... 30 millions d'années ; une époque où, si des hommes existent encore, ils ne nous ressembleront sans doute guère.

Le système nerveux central

Telle est la richesse du système nerveux central que la nature nous fournit. Ce système est parcouru en permanence par l'« influx nerveux », une série de signaux en forme d'impulsions électriques qui, semblables à des ondes à la surface de l'eau, se propagent le long des neurones à une vitesse qui atteint 100 mètres par seconde. Ils passent d'un neurone à un autre par l'intermédiaire des synapses, vont parfois commander aux muscles d'effectuer tel mouvement, mais surtout transmettent d'une zone à l'autre les informations dont ils sont porteurs. Selon la façon dont chaque synapse laisse passer ou non l'influx nerveux, des réseaux se constituent, des structures se mettent en place qui conditionnent l'ensemble de l'activité cérébrale.

Une fois de plus, la combinatoire intervient pour

fournir une gamme de possibilités pratiquement infinie. Nous avons vu l'efficacité de cette combinatoire à propos de la variété des patrimoines génétiques ; il ne s'agissait pourtant que d'un choix portant sur quelques milliers d'éléments, les divers gènes qui gouvernent la fabrication d'un individu. Cette fois c'est un million de milliards d'objets dont l'état doit être spécifié pour définir de façon rigoureuse la structure de l'ensemble, et expliquer les performances dont il est capable.

Compte tenu de cette inimaginable complexité, il est clair que chaque membre de l'espèce dispose d'un système nerveux central qui lui est propre, qui ne ressemble à aucun autre. Mais d'où vient l'outil intellectuel dont chacun se trouve ainsi pourvu ?

La première réponse est que cet organe, comme tous les autres, a été réalisé à partir des recettes de fabrication contenues dans le patrimoine génétique, reçu pour moitié du spermatozoïde paternel, pour moitié de l'ovule maternel. Le mécanisme de la réalisation des multiples protéines qui constituent l'essentiel d'un organisme est maintenant bien connu. Chacune résulte de la traduction, par l'intermédiaire du « code génétique », de la séquence des structures chimiques situées en un ou plusieurs emplacements précis des chromosomes ; cette séquence constitue le « gène » de la protéine en question. De même tous les éléments du système nerveux central, que ce soit des cellules ou des substances permettant à celles-ci de fonctionner, sont réalisés à partir de la collection de gènes dont chaque individu a hérité. On peut donc dire que tout, dans le cerveau, est « génétique ». Mais les performances dont ce cerveau est capable ne dépendent pas seulement de la structure de chacune de ces cellules, de la composition de chacune de ces substances ; elles dépendent surtout de la façon dont tous ces éléments sont interconnectés, mis en situation les uns vis-à-vis des autres. Elles résultent notamment des réseaux qui se sont mis en place pour transmettre les influx nerveux. Pour décrire ces réseaux de façon rigoureuse, il faut spécifier l'état de chacune des 10^{15} synapses ; cette description nécessite donc un ensemble d'un million de milliards d'informations.

Or le patrimoine génétique est infiniment moins riche. Le nombre total de gènes ne peut être fixé avec rigueur, mais il semble que 100 000 soit un maximum. Le petit d'homme qui doit réaliser son cerveau est ainsi dans la position d'un artisan à qui l'on demanderait de construire une machine comportant un million de milliards de pièces : « Voici les pièces. — Mais où sont les plans de la machine ? — Les voici, ils ne comportent que 100 000 " instructions ". » Faute d'informations suffisantes l'artisan ne peut qu'assembler les pièces plus ou moins au hasard. Certes quelques grandes lignes sont spécifiées, notamment la localisation en telle zone, sur tel hémisphère cérébral, de telle fonction globale. Mais la structuration fine ne peut

Du Big Bang à nous

être initialement que le résultat d'une mise en place aléatoire. Le cerveau dont dispose un bébé n'est donc capable que de quelques fonctions élémentaires, nécessaires à sa survie. La réalisation des réseaux qui peu à peu vont lui permettre des performances de plus en plus nombreuses et de plus en plus remarquables, est provoquée par l'interaction entre cet objet encore inorganisé qu'est le cerveau du bébé, résultat d'une prolifération quasi innombrable, et les apports de l'extérieur, la voix de sa mère, les multiples contacts, les caresses, la lumière, etc. Des expériences précises ont été faites sur les animaux pour mettre en évidence l'importance de ces apports extérieurs pour le développement des capacités cérébrales. Ainsi des petits chats élevés dans un environnement composé exclusivement de lignes verticales sont incapables, par la suite, de distinguer les lignes horizontales ; les circuits neuronaux nécessaires n'ont pas été créés.

Pour le petit d'homme ces apports sont particulièrement indispensables ; une étrange « expérience » l'a montré : le roi de Prusse Frédéric II s'est posé un jour la question : quelle langue parleraient nos enfants si on ne leur imposait pas celle de leurs parents ; pour lui la réponse semblait évidente : ils parleraient hébreu, comme Adam et Eve. Il voulut cependant vérifier : quelques bébés, retirés à leur mère, ont été élevés par des nourrices dont la consigne était de bien les nourrir, de bien les soigner, mais sans aucune parole, aucun regard, aucune caresse ; ainsi pour-

Du Big Bang à nous

raient se manifester leurs aptitudes innées. Mais, à ce traitement, aucun bébé n'a survécu.

Grâce à l'aventure quotidienne que représente pour l'enfant le contact avec le monde extérieur, la prolifération quasi aléatoire de connexions qui constituaient initialement son cerveau se transforme peu à peu en un ensemble structuré, dont les capacités progressivement se spécifient. Cependant cet ajout de l'« acquis » à l'« inné » ne permet pas d'expliquer totalement la réalisation d'un réseau aussi complexe. Les neurones directement en communication avec le monde extérieur, par l'intermédiaire des divers sens, vue, ouïe, toucher, etc., sont une infime minorité, environ un sur 5 000 ; les autres ne sont affectés que de proche en proche, et selon des voies qui sont elles-mêmes à achever. Le flux des informations reçues au cours de l'expérience vécue, tout comme le stock des informations génétiques rassemblées lors de la conception, semble donc bien insuffisant pour rendre compte de la réalisation d'un ensemble aussi riche et aussi précis. C'est la fameuse question concernant les rôles respectifs de l'inné et de l'acquis qui se révèle ainsi dépourvue de sens. Il faut faire appel à un troisième larron, la capacité du système nerveux central à intervenir dans le processus de sa formation, son pouvoir d'*autostructuration*.

La double source du patrimoine génétique reçu et de l'aventure individuelle vécue donne au système nerveux central une complexité fabuleuse. Celle-ci est telle que, dans l'explication de ses transformations, nous sommes amenés à ce constat : tout se passe comme si le cerveau était l'un des acteurs de sa propre construction.

Devant une telle affirmation une question surgit aussitôt : certes « tout se passe comme si », mais qu'en est-il en réalité ? Cette autostructuration est-elle le résultat d'une propriété réelle du SNC ou n'est-ce là qu'une explication verbale, facile, camouflant notre incapacité provisoire à décrire les mécanismes à l'œuvre ? La réponse est que l'objet de la science n'est pas de répondre à de telles questions. Dans tous les domaines, la réalité des choses nous échappe définitivement ; nous devons nous contenter de développer un discours à propos de notre vision de cette réalité. Newton ne prétend nullement que « les masses s'attirent », ce qui consisterait à prêter aux objets un comportement à vrai dire assez singulier ; il constate seulement que « tout se passe comme si les masses s'attiraient » conformément à la fameuse formule comportant au dénominateur le carré de la distance. Quant à la « cause réelle » de cette attraction réciproque des masses, elle reste au-delà de notre domaine de compréhension.

De même, lorsque nous étudions les transformations d'une structure complexe, nous constatons notre incapacité à la décrire avec une précision absolue. Or, bien souvent, seule une connaissance totale de l'objet étudié permet de prévoir son évolution ; il suffit de la

Du Big Bang à nous

moindre imprécision pour que toute prévision devienne impossible : savoir presque tout est alors équivalent à ne savoir presque rien. La seule façon de construire notre discours à propos de l'avenir consiste à évoquer l'ensemble des possibles et à attacher à chacun d'eux une probabilité : même si les mécanismes sous-jacents sont rigoureusement déterministes, nous les traitons donc « comme si » ils faisaient intervenir le hasard ; ou, ce qui revient au même, « comme si » leur évolution dépendait d'eux-mêmes ; on leur attribue donc nécessairement une certaine *autonomie*.

Une définition de l'homme [1]

Cette complexité est certes permise par notre patrimoine génétique, mais elle est acquise grâce aux hommes qui nous entourent. Pour faire un homme, il faut des gènes d'hommes, mais cette condition nécessaire n'est pas suffisante. Les enfants sauvages ne deviennent pas des hommes : pour faire un homme, il faut des hommes. Nos gènes nous apprennent à fabriquer des organes nous permettant de parler, mais ils ne nous apprennent pas à parler.

C'est pourquoi on ne peut présenter l'apparition de

---

1. L'ambiguïté du mot « homme » fait l'objet d'une note page 46.

Du Big Bang à nous

l'homme comme un événement brutal ; il s'agit plutôt d'une lente émergence au cours de laquelle des potentiels offerts par la nature à l'homme (à la suite, comme nous l'avons vu, de quelques mutations) sont peu à peu devenus des réalités grâce à l'homme lui-même. Toute l'histoire de l'espèce porte témoignage de cette longue construction de l'Homme par lui-même. Quelques mutations génétiques nous ont donné des muscles fessiers, nous permettant de marcher debout, mais les enfants sauvages marchent à quatre pattes ; ce sont des hommes qui nous apprennent la marche verticale.

Cependant nous sommes allés beaucoup plus loin que l'exploitation des possibilités que la nature nous a offertes. Peu à peu nous avons remplacé la soumission aux forces extérieures par l'affirmation de notre propre volonté. Des capacités que la nature nous avait refusées, nous avons été capables de nous les accorder nous-mêmes : les gènes d'*Homo Sapiens* ne lui permettent pas, contrairement à d'autres mammifères, comme la chauve-souris, de voler dans les airs ; mais les hommes ont mis en place les structures nécessaires pour construire des avions et aller en volant d'un point à l'autre de la planète plus rapidement qu'aucun animal.

Tout se passe finalement « comme si » la nature nous avait essentiellement fourni la capacité d'acquérir de nouvelles capacités, à condition de regrouper nos savoirs, nos énergies, nos imaginations.

Du Big Bang à nous

Nous voici donc en mesure de donner enfin une définition de l'Homme plus sérieuse que celle proposée pour commencer (« un Primate victime de deux erreurs »). Pour aller à l'essentiel, on peut présenter l'homme comme : *un animal qui reçoit individuellement de la nature le pouvoir de s'attribuer collectivement des pouvoirs.*

Bien sûr nous nous heurtons à des limites, à des contraintes, mais peu à peu nous les reculons, nous nous en affranchissons. Cela est vrai dans le domaine concret, immédiatement sensible, des objets qui nous entourent, de l'espace dans lequel nous nous mouvons. Ce l'est aussi d'une dimension de notre univers que nos sens ne nous révèlent pas immédiatement, la durée.

L'homme et la durée

Que savent les animaux du temps qui s'écoule ? Seuls les plus proches de nous dans l'arbre de l'évolution semblent capables de prendre en compte le déroulement du temps en incorporant l'avenir dans leur compréhension du présent. Nous l'avons vu, les chimpanzés anticipent les événements qui vont se produire et imaginent des gestes correspondant à un projet ; ils tiennent compte, à l'instant présent, des instants à venir ; mais seuls les plus proches de ceux-ci

Du Big Bang à nous

sont concernés. L'homme, dans ce domaine, apporte, ou subit, une transformation décisive ; son esprit est en permanence obsédé par l'avenir, et un avenir sans limites puisqu'il a même inventé le concept d'éternité. La durée est constitutive de son être autant que l'espace et la matière ; il l'a intériorisée.

Ce processus d'intériorisation est intervenu à plusieurs reprises, au cours de l'évolution, à propos d'objets différents. Nos plus lointains ancêtres bénéficiaient des conditions très régulières, presque parfaitement constantes, des océans, où sont apparus les premiers êtres vivants. Lorsqu'ils ont commencé l'exploration des terres émergées où se succédaient des changements rapides de température, d'humidité, de rayonnements, il leur a fallu rétablir par eux-mêmes et en eux-mêmes les constances exigées par les multiples et fragiles processus qui assurent leur survie. Ils y sont parvenus en baignant tous leurs organes dans le milieu intérieur parfaitement contrôlé, qui en quelque sorte intériorise la mer dont ils étaient issus.

Pour se protéger contre les agressions extérieures certaines espèces bénéficient d'une carapace parfois très épaisse, quasi invulnérable : quel avantage de posséder un tel abri au cours des rudes épreuves imposées par la sélection naturelle ! Mais cet abri est aussi une prison, l'évolution est bloquée. D'autres espèces ont joué un jeu beaucoup plus risqué ; elles ont « intériorisé » leur carapace, elles en ont fait un squelette, qui les soutient, et grâce auquel les divers organes peuvent garder les uns par rapport aux autres des positions précises. Ces organes ne sont donc plus protégés que par le faible rempart de la peau, ils sont terriblement vulnérables. (Remarquons que, dans les espèces telles que la nôtre, la solution « carapace » a été conservée pour une partie du squelette : le crâne ; le cerveau est trop fragile et trop précieux pour être laissé à la merci du moindre coup.) La contrepartie de cette vulnérabilité est d'échapper à l'emprisonnement ; l'évolution a pu se développer avec d'infinies variantes.

Après, l'« intériorisation », au cours des premières étapes de l'évolution, de la mer, puis de la carapace, notre espèce a intériorisé un des constituants de notre univers, certes moins concret que les objets pesants, mais tout aussi essentiel, tout aussi réel, la durée. C'est autour du concept de temps que chaque homme construit la personne dont il prend peu à peu conscience.

Alors que, dans l'espace, nous pouvons vagabonder presque librement, nous constatons que le temps, lui, est fléché ; impossible de remonter le cours de ce fleuve. Imperturbable il s'écoule. Mais les rives qu'il longera n'existent pas encore. Le jeu aveugle des « lois » de la nature, de la nécessité et du hasard, les construit à mesure que le fleuve les atteint. Emportés par lui, nous découvrons, et nous sommes seuls à le faire, que nous pouvons participer à cette construction, avec d'autant plus d'efficacité que, contrairement à la Nature, nous sommes capables d'imaginer et d'adopter un projet.

Nous pouvons alors proposer une nouvelle définition de notre espèce : *l'homme est un animal qui a reçu la capacité d'utiliser l'écoulement du temps pour imaginer et réaliser un projet.*

Si telle est vraiment la spécificité de l'homme, l'important est le choix du projet. En fonction de quelles contraintes, face à quelle réalité, et avec quelles espérances, allons-nous le définir et peu à peu le concrétiser ?

CHAPITRE II

Le nombre des humains

> *Où l'on s'intéresse à une caractéristique souvent méconnue des populations humaines, leur effectif, et où l'on évoque les conséquences de la transformation des équilibres démographiques.*

Chacun de nous est fasciné par son origine : où et quand a eu lieu notre « Big Bang » personnel ? Collectivement nous sommes passionnés par l'origine de notre espèce : où et quand notre espèce est-elle apparue ? Les querelles entre spécialistes, à ce sujet, sont vives et leurs conclusions changent fréquemment. C'est que la question essentielle reste toujours sans réponse rigoureuse : à partir de quelle ressemblance avec l'homme actuel des squelettes, ou plutôt des débris de squelettes, trouvés dans des gisements préhistoriques, peuvent-ils être attribués à des *Homo Sapiens* ?

Le nombre des humains

Les controverses à propos du lieu d'apparition de l'humanité se sont longuement développées ; l'Asie du Sud-Est, l'Afrique orientale... ont été alternativement proposées, faisant dire avec humour à un spécialiste, l'abbé Breuil, que « le berceau de l'humanité est un berceau à roulettes ». Quant au jour de l'apparition d'*Homo Sapiens*, il n'a été enregistré sur aucun état civil : notre espèce ne connaît pas plus la date que le lieu de sa naissance.

Mais notre propos n'est pas d'entrer dans ces débats, d'autant que nous avons présenté l'homme comme le résultat définitivement provisoire d'une lente construction et non comme un être achevé d'un coup. Nous cherchons seulement, dans ce chapitre, à préciser l'état actuel des connaissances sur la façon dont nos lointains ancêtres, fort peu nombreux au départ de l'aventure, se sont répandus sur la planète, l'ont peu à peu conquise et vont, prochainement, la saturer. Notre objet ici est le nombre des humains.

Concepts et paramètres de la démographie

Du point de vue de son effectif, toute espèce peut être considérée comme un « ensemble renouvelable ». A tout instant, certains individus disparaissent, d'autres sont procréés. Ces deux flux, celui de sortie et celui d'entrée, ont pour conséquence l'évolu-

Le nombre des humains

tion du nombre total (un peu comme dans les classiques « problèmes de robinets » où une cuve se remplit d'un côté et se vide de l'autre). Une discipline scientifique, dont le développement est relativement récent, s'est constituée pour étudier les mécanismes à l'œuvre dans un tel processus de renouvellement, la démographie. Elle a défini certains concepts permettant d'analyser et de décrire ce mécanisme ; elle a précisé les divers paramètres liés à ces concepts, et a mis au point des méthodes de mesures fournissant des évaluations de ces paramètres, plus ou moins précises selon les informations disponibles.

Sans entrer dans les détails, constatons que les mesures essentielles concernent la mortalité et la fécondité.

Pour caractériser la mortalité, on peut par exemple suivre, tout au long de leur existence, un ensemble de 1 000 individus nés la même année (ce que l'on appelle une « cohorte »), et noter le nombre de survivants aux âges successifs. L'ensemble de ces nombres constitue la « table de mortalité » de la cohorte choisie. Comme cet ensemble comporte de très nombreux chiffres, on s'efforce de le résumer par quelques caractéristiques globales, aptes à frapper nos imaginations. Les plus répandues sont l'« espérance de vie à la naissance », c'est-à-dire la moyenne des durées de vie des 1 000 individus considérés, et le « taux de survie à 5 ans » qui donne une image de l'intensité de la mortalité durant la période où elle est

Le nombre des humains

le plus redoutable, les années qui suivent la naissance. Au moyen de ces tables ou de leurs résumés, on peut comparer les régimes de mortalité soit de deux populations contemporaines situées dans deux milieux différents, soit de la même population à deux périodes différentes. On trouvera ici quatre tables de mortalité très résumées, celles de la France au milieu du XVIIIe siècle, au milieu du XIXe, et aujourd'hui ; celle du Kenya récemment.

L'analyse du flux d'entrée, c'est-à-dire de la procréation, est rendue plus délicate en raison de cette particularité bien connue des espèces semblables à la nôtre : pour faire un enfant il faut être deux, et de sexes différents. Idéalement il faudrait donc caractériser le rythme auquel chacun des deux sexes procrée. En fait, le plus souvent, l'on se contente de décrire la fécondité féminine, pour une raison fort simple : la période fertile est beaucoup mieux définie pour une femme : après un âge compris entre 45 et 50 ans une femme est définitivement inapte à procréer, alors que chez un homme [1] cette aptitude ne disparaît que

---

1. Pour la première fois dans ce livre, nous utilisons ici le mot « homme » dans le sens d'individu masculin. Nous nous heurtons à une carence de notre langue qui ne dispose que de deux termes, « homme » et « femme », là où beaucoup d'autres ont forgé trois mots différents (le latin ou l'allemand par exemple). Admettons que « homme » désigne l'ensemble des individus de l'espèce quel que soit leur sexe ; « femme » désigne ceux des « hommes » qui sont de sexe féminin ; il manque le mot qui désignerait ceux des « hommes » qui sont de sexe masculin. Faute de mieux, nous les représenterons par le terme générique, mais en ajoutant un astérisque : homme *.

1. Table de mortalité

(Nombre de survivants pour 1 000 naissances)

Âge	France Milieu du 18ᵉ siècle	France Milieu du 19ᵉ siècle	France 1980	Kenya 1962
0	1 000	1 000	1 000	1 000
1	748	844	990	874
5	581	744	988	765
10	550	719	986	717
20	508	667	980	672
30	442	613	969	599
40	375	554	955	525
50	306	485	920	435
60	222	390	846	314
70	122	248	706	165
80	35	91	442	42
90	3	12	116	8
Espérance de vie à la naissance	25 ans	42 ans	74 ans	39 ans

progressivement. De plus le rythme des naissances est limité, dans une population, par les possibilités féminines beaucoup plus que par les possibilités masculines. Les démographes se contentent donc généralement de tables de fécondité féminines.

Ces tables ont une structure semblable à celle des tables de mortalité ; elles suivent le devenir d'une

Le nombre des humains

« cohorte » de 1 000 femmes nées la même année, en indiquant à chaque âge x le nombre $n(x, x + a)$ d'enfants qu'elles mettent au monde entre l'âge x et l'âge $x + a$. Dans les tables données ici en exemple l'écart a entre les âges successifs est de cinq ans. Là encore il est utile de caractériser le régime de fécondité décrit par de telles tables au moyen de quelques résumés. Les plus utilisés sont :

— le « taux net de reproduction » R, égal au nombre de filles procréées par les femmes de la cohorte étudiée. Compte tenu du fait qu'il naît environ 105 garçons pour 100 filles, R est égal au nombre total des naissances multiplié par 0,49 ;

— le « taux intrinsèque de variation » r, qui mesure le pourcentage de variation annuelle de l'effectif de la population, dans l'hypothèse où les caractéristiques démographiques observées se maintiendraient durablement. Ce taux dépend non seulement du nombre d'enfants procréés mais de l'âge moyen A des mères lors des naissances, c'est-à-dire de l'écart entre les générations successives. [Pour ceux qui aiment les formules, on peut montrer que les paramètres R, A et r sont liés par la relation approximative :

$$r \simeq \frac{R - 1}{RA}.]$$

Ces taux sont de bons indicateurs du rythme d'évolution de l'effectif ; si R est supérieur à 1, donc r

2. Table de fécondité

(Nombre de naissances entre les âges x et $x + 5$ pour une cohorte de 1 000 femmes)

Âge	France 18ᵉ siècle	France 1980	Kenya 1970
15	90	85	450
20	470	580	1 080
25	580	715	1 040
30	570	380	850
35	400	135	610
40	20	25	340
45	—	2	150
Total	2 130	1 922	4 520
Taux net de reproduction	1,04	0,94	2,2
Taux intrinsèque de variation	+ 0,13 %	— 0,23 %	+ 1,9 %

positif, cet effectif augmente ; il diminue dans le cas contraire. La population garde un effectif constant si $R = 1$, ce qui correspond à $r = 0$; alors les deux flux, procréation et mort, se compensent exactement.

Une même évolution globale peut résulter de conditions très différentes ; un quasi-équilibre peut ainsi être obtenu aussi bien par une mortalité intense compensée par une forte fécondité (cas des pays

Le nombre des humains

européens d'autrefois) que par une mortalité et une fécondité également faibles (cas de ces pays aujourd'hui).

Il y a deux siècles une cohorte de 1 000 filles donnait finalement naissance à 2 130 enfants ; mais la mort avait éliminé près de la moitié d'entre elles avant qu'elles n'atteignent l'âge de procréer. En fait, si l'on ne considère que celles qui ont survécu jusqu'à la fin de la période féconde, on constate qu'elles ont mis au monde en moyenne 4,7 enfants chacune. Entre 25 et 30 ans par exemple, notre cohorte de 1 000 filles avait 580 enfants, moins que leurs descendantes d'aujourd'hui qui en ont 715 ; mais, à cet âge, il ne restait plus alors que 475 femmes encore vivantes, alors qu'elles sont 975 aujourd'hui. Au cours de ces cinq années les femmes d'autrefois avaient donc en moyenne 1,22 enfant chacune, celles d'aujourd'hui 0,73.

Les chiffres concernant le Kenya correspondent au cas d'une population fort loin de l'équilibre : la mortalité y est pourtant sévère, nous l'avons vu ; mais la fécondité est si élevée que chaque cohorte de 1 000 femmes donne naissance à 2 200 filles. On imagine les conséquences pour l'effectif total. Nous y reviendrons.

Au cours de l'histoire des hommes, des régimes démographiques différents se sont succédé en fonction soit de changements, subis, de l'environnement, soit de modifications, provoquées, du processus de mort et de procréation. Le passage d'un régime à

Le nombre des humains

l'autre, plus ou moins brutal selon les circonstances, est désigné comme une « révolution démographique ». Sans entrer dans trop de détails, on peut décrire l'histoire de l'effectif global de notre espèce en la rythmant par quatre « révolutions ».

Les quatre révolutions démographiques

La première a eu lieu, il y a 400 000 ou 500 000 ans, lorsque les hommes ont apprivoisé le feu ; initialement source de crainte, celui-ci est devenu un allié, un outil. Les hommes l'ont utilisé pour se mettre à l'abri du froid et à l'abri des prédateurs, également pour cuire les aliments, ce qui leur a permis d'accroître la variété et la quantité de la nourriture disponible. Un recul de la mortalité a dû être progressivement obtenu, entraînant une augmentation de l'effectif ; mais il est bien difficile d'avancer une évaluation, car rares sont les données sur cette période lointaine. Il semble que, pour l'ensemble de la planète, un total de quelques centaines de milliers d'hommes soit proche de la réalité.

Un changement relativement rapide, la seconde « révolution démographique », s'est produit entre 40 000 et 35 000 ans avant J.-C. En quelques milliers d'années, la population totale s'est alors accrue, puis stabilisée, au niveau de 4 ou 5 millions d'hommes.

Le nombre des humains

Sans doute ce changement est-il dû à une amélioration du climat, accroissant les ressources végétales et animales nécessaires aux hommes. Car ceux-ci sont à l'époque des « chasseurs-cueilleurs » ; en chaque zone leur effectif est limité par la nourriture disponible. On estime que, dans des conditions moyennes, un homme a besoin pour survivre des végétaux et des animaux produits spontanément par une étendue de terrain d'environ 200 hectares. Un groupe humain d'une centaine de personnes doit donc disposer d'un territoire de 20 000 hectares, l'équivalent d'un carré de 14 km de côté ; l'actuel hexagone français pourrait ainsi supporter environ 250 000 habitants ; c'est ce que les spécialistes appellent sa « capacité de charge ».

Ce mode de vie suppose de constants déplacements, ce qui n'est guère favorable à une fécondité élevée, car la gestation et l'allaitement représentent pour les mères des périodes difficiles. De plus, dans ces sociétés paléolithiques, le concept de travail n'a guère de sens ; d'après ce que l'on peut observer aujourd'hui dans les rares populations qui pratiquent encore la cueillette et la chasse, la recherche de nourriture représente moins d'une journée d'occupation par semaine pour chaque personne ; les couples ne sont donc pas enclins, comme ils le seront par la suite, à avoir de nombreux enfants leur apportant une force de travail. Quant à la mortalité elle devait être également assez faible car la dispersion des popula-

Le nombre des humains

tions ne favorisait pas la propagation des épidémies.

Cet équilibre a été rompu par la nouvelle révolution démographique qu'a entraînée, quelque 10 000 ans avant J.-C., l'invention de l'agriculture. Tout est changé : les populations se sédentarisent, forcent la terre à produire des céréales, domestiquent les animaux, stockent la nourriture. La « capacité de charge » des territoires fait véritablement un bond ; pour nourrir une personne il ne faut plus 200 hectares, mais 1 ou 2 si l'on pratique l'élevage, 0,2 si l'on cultive des céréales. Simultanément, les hommes s'imposent l'obligation de travailler, et de travailler durement, tout au long de leur vie. Il faut préparer les champs, fabriquer les outils, garder les troupeaux, engranger les récoltes. Les enfants, dès qu'ils en ont la force, participent aux tâches collectives ; les couples sont ainsi incités à en procréer, ce que facilite la sédentarisation. La fécondité augmente tandis que la mortalité, dans une première phase, recule grâce à l'abondance de nourriture. L'effectif mondial passe, en quelques milliers d'années, du niveau de 5 ou 6 millions à celui de 50, puis de 100 millions.

Par la suite, le rythme d'accroissement se ralentit en raison d'une remontée de la mortalité. En effet les populations se rassemblent, les premières villes apparaissent, entraînant de plus grands risques d'épidémie ; l'appropriation individuelle ou collective des terres a pour corollaire un désir d'expansion et aboutit à des conflits parfois dévastateurs. L'effectif

Le nombre des humains

mondial qui atteint 200 millions peu avant J.-C. reste à ce palier pendant tout le premier millénaire de notre ère, puis reprend une lente progression pour atteindre 800 millions vers la fin du XVIIIe siècle.

C'est alors que commence la quatrième révolution démographique. On la présente souvent comme celle de l'industrialisation, faisant suite à celle de l'agriculture. En fait, elle correspond surtout à une meilleure compréhension du fonctionnement de l'organisme humain, et par conséquent, à une plus grande efficacité dans la lutte contre les maladies et contre la mort. Des mesures d'hygiène, une meilleure alimentation, mais aussi l'invention de la vaccination (le médecin anglais Jenner utilise le vaccin contre la variole dès 1796) entraînent un rapide recul de la mortalité, notamment celle des enfants dont l'intensité d'alors nous paraît aujourd'hui terrifiante. Pour 100 naissances, il ne restait au temps de Louis XV que 75 enfants à 1 an, 58 seulement à 5 ans. Sous le second Empire ces survivants sont 84 à 1 an, 74 à 5 ans. L'amélioration est déjà remarquable : en un siècle la proportion des enfants qui meurent en bas âge diminue d'un tiers. Par la suite, les progrès s'accélèrent grâce à la compréhension du mécanisme de transmission des maladies (à la suite, notamment, des découvertes de Pasteur), à la mise au point de médicaments de plus en plus efficaces (les premiers antibiotiques apparaissent vers 1945), et surtout à la réalisation d'un réseau sanitaire performant et accessible à tous.

Le nombre des humains

Aujourd'hui en Europe pour 100 naissances, 99 enfants sont encore en vie à 5 ans.

Certes des progrès restent encore à accomplir ; la victoire sur certaines maladies (notamment le cancer) nécessitera bien des combats ; mais la mort, sans que nous en ayons bien conscience, a changé de visage. Elle était autrefois associée surtout aux bébés et aux jeunes enfants, aujourd'hui elle l'est presque exclusivement aux vieillards. Ce résultat est bien mis en évidence par les tables de mortalité de la France au cours des deux derniers siècles. L'élimination par la mort d'un tiers d'une cohorte nécessite maintenant plus de soixante-dix ans, alors que cette élimination nécessitait seulement, il y a un siècle, les vingt premières années de vie ; les deux premières suffisaient au XVIIIe siècle.

Pour illustrer ce bouleversement, imaginons une petite ville européenne d'environ 6 000 habitants ; avant la Révolution, on y célébrait en moyenne, chaque semaine les funérailles d'un petit enfant et deux fois par mois celles d'un vieillard ; aujourd'hui il n'y a plus que deux funérailles de bébé par an, mais chaque semaine celles d'un vieillard.

Le nombre des humains

Conséquences sociales des révolutions démographiques

Ces quelques chiffres montrent à quel point les changements démographiques ont des conséquences sur tout l'équilibre de la société et aussi sur les structures mentales des individus. Dans une population où la mortalité et la fécondité se compensent au niveau correspondant à l'équilibre démographique des populations européennes du XVIIIe siècle, les règles sociales, les mœurs, les rapports entre catégories, la morale même, ne peuvent être ce qu'elles sont dans une population caractérisée par les niveaux d'aujourd'hui.

La description globale la plus pertinente à ce point de vue est la « pyramide des âges » ; elle représente, par des traits de longueur proportionnelle aux effectifs, les différentes classes d'âge, les hommes à gauche, les femmes à droite. Il y a deux siècles cette pyramide avait une base très large : l'ensemble des « jeunes », par exemple les moins de 19 ans, fournissait 42 % du total ; par contre les « vieux », disons les plus de 60 ans, ne comptaient que pour 8 %, et les « actifs » entre 20 et 60 ans, pour 50 %. Tout est changé aujourd'hui, une bascule s'est produite : la proportion des actifs n'a guère changé, mais les « jeunes » ne sont plus que 30 %, et les « vieux » 17 %.

Derrière ces pourcentages, qui peuvent paraître secs, se cachent des transformations profondes de la vie de chacun. Ainsi un homme qui se marie s'engage, selon l'Église, pour l'éternité ; mais au XVIIIe siècle il avait en moyenne 27 ans lors de la cérémonie et mourait, toujours en moyenne, à 52 ans ; cette « éternité » durait donc vingt-cinq ans ; elle lui permettait d'assister à la naissance de 5 ou 6 enfants, et à la mort de 2 ou de 3 d'entre eux. Aujourd'hui il se marie à 26 ans et mourra à 76 ; l'« éternité » de son engagement durera donc cinquante années, deux fois plus que pour son ancêtre ; elle lui permettra d'assister à la naissance de 2 ou 3 enfants, encore vivants, sauf exceptions, lors de son décès.

Selon une remarque du démographe Roland Pressat, la famille que l'on qualifie de « nucléaire », composée seulement des deux parents et de leurs enfants, était, dans les conditions d'autrefois, extrêmement fragile ; le risque était grand pour les enfants de se retrouver orphelins avant de sortir de l'adolescence. Une certaine stabilité ne pouvait être obtenue qu'en élargissant le concept de famille et en réunissant dans la même unité plusieurs générations. « La famille de type patriarcal était avant tout une nécessité biologique. L'éclatement de ce type de famille, l'avènement du noyau familial restreint sont une

Le nombre des humains

conséquence directe de la baisse de la mortalité. » Il est clair que c'est toute la structure de la société qui, de proche en proche, est touchée. Dans la famille patriarcale les plus vieux ont tout naturellement leur place et leur fonction ; avec des familles nucléaires, indépendantes et souvent très enfermées affectivement et économiquement dans leurs étroites limites, le couple parental se retrouve seul lorsque les enfants essaiment, et c'est alors aux organismes sociaux de faire face aux problèmes du « 3e âge ».

Le concept même du « vieux » a changé. Je me souviens de mon réflexe de vexation lorsqu'un jour en Afrique, j'étais loin d'avoir atteint 50 ans, un interlocuteur m'a dit : « Toi qui es un vieux. » Comme tous mes concitoyens, je mets mon point d'honneur à paraître encore jeune, je n'ai donc pas été ravi. En fait la phrase était un compliment ; un vieux, lorsque la mortalité sévit selon le régime naturel, est un être exceptionnel ; il faut être aimé des dieux pour faire partie du petit lot (moins de 5 %) de ceux qui vivent plus de trois quarts de siècle. Un vieux est un sage, l'adjectif vieux est laudatif. Mais lorsque plus de la moitié des hommes réalisent cette performance, et survivent malgré les misères physiques qui s'accumulent, les vieux sont surtout vus comme des êtres diminués, comme une charge ; l'adjectif devient injurieux.

Les différences sont tout aussi sensibles pour les jeunes. Autrefois près des deux tiers des adolescents

Le nombre des humains

de 20 ans avaient vu mourir leur père, la moitié avaient perdu leurs deux parents. Ils avaient dû faire face à des responsabilités nouvelles importantes, par exemple reprendre en charge l'exploitation agricole, ou gérer le commerce familial ; ils avaient tout naturellement une place active dans l'organisation sociale. Aujourd'hui, sauf rares exceptions, ils sont encore dépendants de leur famille ; les parents ne sont guère prêts à passer la main et maintiennent une tutelle de fait, à base de bons conseils et d'aide financière. L'autonomie apparaît comme une conquête difficile, et lointaine.

Le recul de la mortalité a également eu comme corollaire nécessaire, sous peine d'explosion démographique, celui de la fécondité, obtenu après un délai plus ou moins long. C'est toute l'attitude vis-à-vis de la procréation qui a ainsi été transformée.

Cette comparaison dans le temps des caractéristiques démographiques successives de notre pays montre l'ampleur des transformations sociales induites par le changement de ces caractéristiques. La comparaison entre les situations, aujourd'hui, de nations aussi différentes que, pour les deux exemples mentionnés par nos tables, le Kenya et la France, donne la mesure des tensions qui se produisent entre sociétés contemporaines en raison des décalages démographiques.

Le nombre des humains

Les décalages démographiques

Chaque révolution démographique comporte plusieurs phases permettant de quitter un équilibre puis d'aboutir à un autre. La quatrième révolution a comporté par exemple une première phase de recul de la mortalité qui entraîne un accroissement de l'effectif, puis une phase de recul de la fécondité qui stabilise cet effectif à un nouveau palier.

Ce qui caractérise cette quatrième révolution est son extrême brutalité ; les précédentes ne déroulaient leurs phases successives, en chaque zone de la Terre, qu'en plusieurs milliers d'années, et se répandaient lentement d'une zone à l'autre. L'invention de l'agriculture, entraînant les conséquences démographiques que nous avons évoquées, est partie du Moyen-Orient ; elle n'a atteint l'ouest de l'Europe qu'après deux ou trois millénaires ; le nouveau système de production et de vie en commun ne s'est imposé que progressivement. La révolution médicale au contraire bouleverse en moins d'un siècle les pays qu'elle touche, mais tous ne le sont pas simultanément.

Jusqu'à la dernière guerre le recul de la mortalité avait surtout profité aux États de culture européenne. Les pays soumis à l'influence de colonisateurs venus

Le nombre des humains

3. Pyramide des âges

	France			Kenya
	Milieu du 18ᵉ siècle	*Milieu du 19ᵉ siècle*	*1980*	*1960*
0-19 ans	42 %	38 %	30 %	49 %
20-59 ans	50 %	52 %	53 %	46 %
60 ans et +	8 %	10 %	17 %	5 %

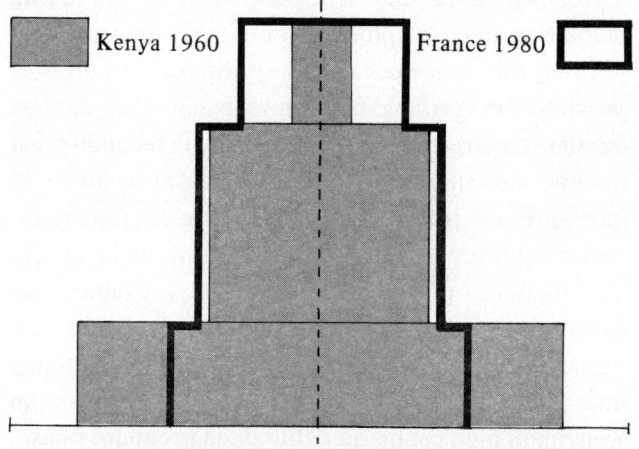

Kenya 1960   France 1980

leur apporter « les bienfaits de la civilisation » n'avaient connu en ce domaine qu'un progrès bien faible. Vers 1945, l'espérance de vie à la naissance n'était encore que de 44 ans en Algérie ou au Sri Lanka (île de Ceylan) ; elle se situait donc, dans

Le nombre des humains

ces pays, au niveau atteint en France un siècle plus tôt.

Mais les bouleversements d'après guerre, l'intensification des échanges, la prise de conscience de plus en plus généralisée des progrès possibles ont entraîné une amélioration rapide. L'espérance de vie a presque partout fait un bond ; reprenons les mêmes exemples, elle atteint aujourd'hui 60 ans en Algérie, 68 au Sri Lanka ; vingt années ont été gagnées en l'espace de quarante ans.

Réalisée avec une telle brutalité, la quatrième révolution démographique, qui n'avait entraîné que des tensions localisées dans les pays industrialisés, a provoqué un véritable raz de marée dans ceux du tiers monde. La seconde phase, le recul de la fécondité, est à peine amorcée, alors que la première, celui de la mortalité, est presque accomplie. Il n'est plus question d'équilibre : c'est toute la structure de la société qui, dans ces pays, est bouleversée. L'examen des pyramides d'âges de la page 61 est révélateur. En France, la quatrième révolution a abouti finalement à une diminution de la proportion des jeunes ; au Kenya qui n'en est qu'au début de la première phase, les moins de 20 ans représentent près de la moitié du total, alors que cette proportion est de 30 % dans notre hexagone ; par contre les plus de 60 ans sont trois fois plus fréquents en France qu'au Kenya. Il est facile d'imaginer les tensions que peuvent provoquer de telles distorsions. Mais celles-ci, si importantes

Le nombre des humains

soient-elles, ne sont pourtant que très secondaires face à l'événement de première grandeur qu'a entraîné depuis un demi-siècle l'entrée des pays du tiers monde dans un nouveau régime démographique : la saturation progressive de notre planète.

La planète bientôt saturée ?

Dans ses débuts, la quatrième révolution démographique, c'est-à-dire, pour l'essentiel, la victoire enfin obtenue dans le combat contre la mort des enfants, n'a concerné, nous l'avons vu, que quelques pays d'Europe occidentale et d'Amérique du Nord. La baisse de la mortalité a été suffisamment lente pour que celle de la fécondité puisse la compenser. Le taux de reproduction ne s'est guère éloigné de la valeur 1 qui correspond à l'équilibre ; il est même dans certains pays, comme la France entre les deux guerres, ou de nombreux États européens aujourd'hui, descendu en dessous, ce qui a fait craindre une « dépopulation ». Mais ce n'était là qu'événements ponctuels de peu d'importance pour l'évolution globale. Oublions les changements qui ont affecté notre propre société, pour nous intéresser à l'ensemble de la planète.

La population mondiale, dans la seconde moitié du XVIIIe siècle, atteignait 800 millions d'habitants ; les

Le nombre des humains

progrès dans la lutte contre les maladies n'ont entraîné tout d'abord qu'une progression relativement lente de l'effectif global : en 1900 il était de 1 630 millions, il avait doublé en cent vingt ans. Mais le rythme s'est peu à peu accéléré : le doublement suivant n'a nécessité que soixante ans. Les 5 milliards d'hommes seront atteints au cours de l'année 1987. La Terre d'aujourd'hui porte ainsi vingt fois plus d'hommes qu'au temps de Jésus-Christ, six fois plus qu'au temps de la Révolution française.

Les changements les plus décisifs sont cependant à venir. Selon les prévisions des démographes des Nations unies, qui tiennent compte de l'ensemble des données disponibles, notamment des politiques de limitation des naissances adoptées par les pays les plus peuplés (Chine, Inde, ...), le sixième milliard sera dépassé en l'an 2000. Au cours du siècle prochain le rythme d'accroissement se ralentira peu à peu et l'effectif se stabilisera à 11 milliards avant l'an 2100. Certes la marge d'incertitude sur ces nombres est d'autant plus large que l'époque étudiée est plus lointaine, mais les phénomènes démographiques ont souvent une grande inertie, ce qui permet des prévisions assez sûres. Sauf accident collectif (et nous verrons qu'un tel accident n'est pas exclu), la Terre portera au milieu du siècle prochain deux fois plus d'hommes qu'aujourd'hui. Ce n'est pas si loin : les jeunes qui préparent aujourd'hui leur bac s'approcheront alors du terme de leur vie.

Le nombre des humains

Le monde des hommes a changé, et va changer plus encore. Les nombres que donne le tableau page 68 le montrent à l'évidence. Malheureusement notre imagination n'est pas assez exercée à comprendre quelle réalité concrète correspond à des données chiffrées qui, trop nombreuses, brouillent notre vision. Pour mieux nous rendre compte de ce qu'est en fait cette quatrième révolution démographique, dont nous vivons la dernière phase, dessinons trois cartes représentant l'état de la Terre avant cette révolution, aujourd'hui, et après son achèvement.

Pour cela imaginons que nous classions l'ensemble des hommes en neuf catégories :
— les habitants de la Chine,
— les habitants du Japon,
— les habitants de la péninsule indienne (territoires occupés actuellement par l'Inde, le Pakistan et le Bangla Desh),
— les habitants des autres pays de l'Asie (à l'exception des territoires de l'actuelle URSS) et de l'Océanie,
— les habitants de l'Europe, sauf l'URSS,
— les habitants de l'actuelle URSS,
— les habitants de l'Afrique,
— les habitants de l'Amérique du Nord,
— les habitants de l'Amérique du Sud,
et que nous leur demandions de se regrouper vers le centre de leur territoire en respectant une densité de 1 individu par hectare. Le résultat de cette répartition

Le nombre des humains

est donné par la carte n° 1 pour l'ensemble des habitants de la planète au début du XIXe siècle. Le rectangle extérieur correspond à la surface totale des terres habitables soit 135 millions de kilomètres carrés ; chacun des neuf rectangles intérieurs représente, à la même échelle, la superficie occupée par l'une de nos neuf catégories de Terriens, avec une densité de 1 habitant/hectare (c'est-à-dire la densité actuelle de l'hexagone français). L'impression globale est celle d'une grande dispersion : avec une telle densité, les terres émergées ne sont guère occupées. La zone la plus surprenante est le continent américain ; au nord comme au sud les hommes n'y tiennent guère de place.

Les choses commencent à changer avec la carte n° 2 représentant, avec les mêmes conventions, les effectifs de nos neuf populations en 1985. Cette fois les deux Amériques sont bien présentes, les autres groupes se sont tous accrus mais en conservant à peu près leurs importances relatives.

La transformation la plus radicale est décrite par la carte n° 3 ; cette fois il s'agit de la seconde moitié du prochain siècle. Certes ces prévisions sont imprécises, mais le fait que l'effectif global atteigne un jour 10 ou 11 milliards n'est guère douteux ; la seule question est : ce niveau sera-t-il dépassé dès 2080 ou vers 2100 ? Dans un siècle la répartition de nos neuf groupes sera fort différente de l'actuelle. Le total aura doublé, mais le nombre des Africains aura été multiplié par 5, celui des Asiatiques autres que chinois et japonais par 2,5. Quant aux pays que l'on qualifie aujourd'hui de « grands », Amérique du Nord, URSS, Japon et Europe, ils représentent aujourd'hui le quart de l'humanité, cette proportion sera de un huitième dans un siècle.

Nous avons évoqué les changements entraînés dans les mœurs, dans les structures sociales d'un pays, dans la morale même, par le simple recul de la mortalité. Comment ne pas admettre que les transformations provoquées par un tel bouleversement de la répartition des hommes seront plus décisives encore ? Il suffit de regarder quelques instants la carte n° 3 pour comprendre à quel point notre planète change. Cela est vrai même pour des pays très proches, mais nous ne savons pas toujours voir des événements qui se déroulent sous nos yeux : ainsi lorsque les Français ont conquis l'Algérie en 1830, la France comptait 33 millions d'habitants, l'Algérie moins de 2 millions ; lors de son indépendance, en 1963, l'effectif de l'Algérie atteignait 10 millions ; en 1986, 22 millions ; à la fin du siècle, 35 millions ; vers l'an 2030 l'Algérie comptera autant d'habitants que la France : en deux siècles le rapport de 1 à 17 sera devenu l'égalité.

La réalité change, mais nous en gardons dans notre esprit une image qui a été forgée durant nos études, et déjà, à l'époque, elle était souvent en retard sur l'actualité. Lorsque j'apprenais la géographie, l'Égypte était un pays de peu de poids, deux ou trois

4. Population de la terre

	Début du 19ᵉ siècle	1985	2ᵉ moitié du 21ᵉ siècle
Chine	330	1 063	1 480
Japon	25	120	130
Péninsule indienne	180	964	2 540
Autres pays d'Asie et Océanie	100	702	1 830
Europe sauf URSS	145	492	550
URSS	50	278	380
Afrique	100	553	2 840
Amérique du Nord	5	264	320
Amérique latine	20	406	940
Total	**955**	**4 842**	**11 010**

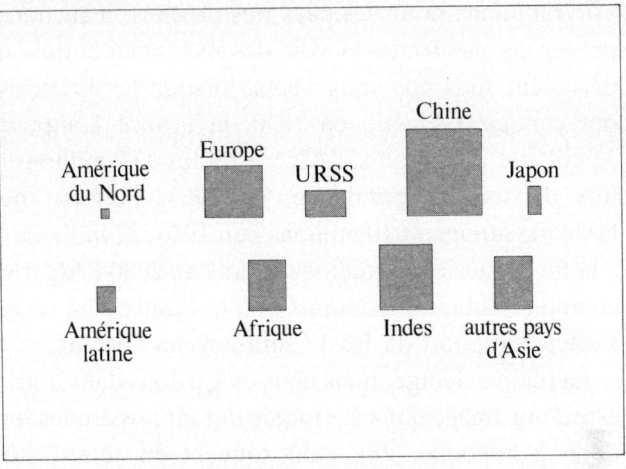

Carte n° 1. Les hommes sur la Terre au début du XIXᵉ siècle. (1 cm² correspond à 280 millions d'hommes.)

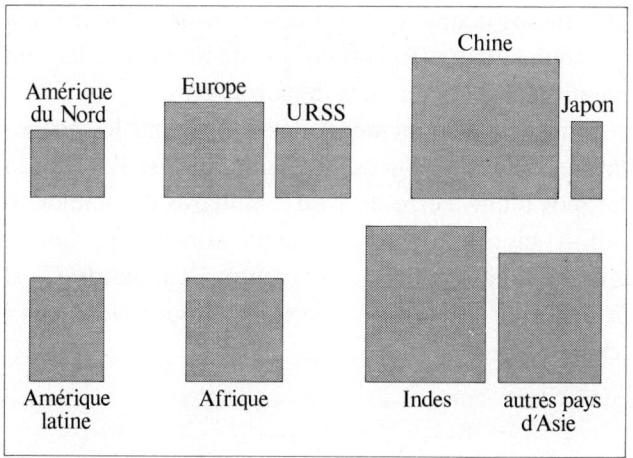

Carte n° 2. Les hommes sur la Terre aujourd'hui.

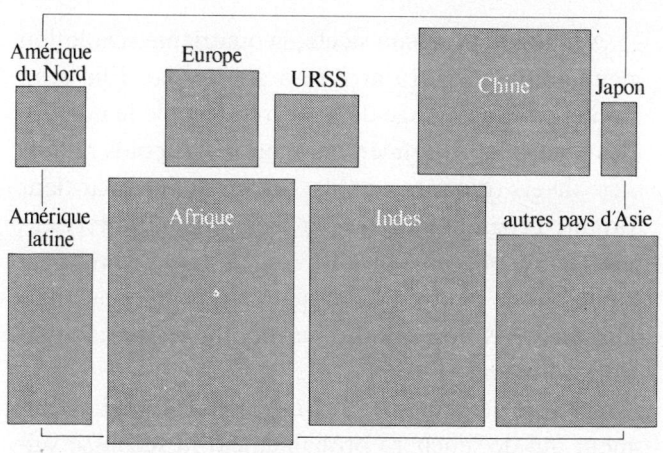

Carte n° 3. Les hommes sur la Terre au XXIe siècle.

Le nombre des humains

fois moins peuplé que la France ; aujourd'hui, il y a presque autant d'Égyptiens que de Français ; dans un demi-siècle, il y en aura deux fois plus.

Tous les raisonnements développés par les économistes, les sociologues, les politologues, l'ont été à propos d'une Terre de 1 ou 2 milliards d'hommes. Il serait bien étrange que leurs conclusions soient encore valables pour 5, 6 et bientôt 10 milliards. C'est à un essai de révision que sera consacré le dernier chapitre de ce livre.

Vers une cinquième révolution démographique ?

A la fin du prochain siècle, la quatrième révolution démographique sera arrivée à son terme. Elle aura bouleversé le paysage de la Terre, décuplé le nombre des hommes, profondément modifié les poids relatifs des divers groupes, qu'ils soient définis par leur origine géographique ou par l'âge. Quand interviendra la révolution suivante et en quoi consistera-t-elle ? Il ne peut s'agir ici que de spéculations, mais certains faits dès aujourd'hui décelables permettent de les fonder.

Selon le démographe J. Bourgeois-Pichat, l'événement qui déclenchera probablement la secousse suivante sera la victoire sur le vieillissement. Jusqu'à

Le nombre des humains

présent, les progrès dans ce domaine n'ont guère été rapides. Certes la proportion des hommes qui atteignent les âges élevés est très supérieure à ce qu'elle était autrefois, mais la longévité maximale ne s'est pas accrue, les centenaires d'aujourd'hui sont plus nombreux mais leur état n'est guère meilleur. D'ici un siècle des progrès décisifs peuvent, dans ce domaine, être accomplis ; l'âge maximal peut être reporté de 115 à 140 ou même 150 ans. Il n'est pas absurde de penser que l'espérance de vie moyenne sera portée de 75 à 100 ans. J. Bourgeois-Pichat a essayé de dégager les conséquences d'une telle hypothèse et d'évaluer la population de la Terre en l'an 2125 : le total atteint 13,5 milliards.

L'allure de la planète est réellement transformée. Mais les changements les plus profonds ne seront pas d'ordre géographique ; c'est à l'intérieur de chaque société que tout sera autre, car la « pyramide » des âges sera remplacée par un « obélisque » étroit : les plus de 65 ans, qui représentent aujourd'hui 13,5 % du total, compteront pour 35 à 40 % ; il n'est guère de structure sociale qui ne sera à revoir.

Bien sûr, il ne s'agit là que d'un exercice de style ; la réalité sera sans doute bien différente ; mais cet exercice a le mérite de mettre devant nos yeux certains des possibles. Nous sommes trop habitués à considérer notre monde comme stable : demain, pensons-nous, sera comme aujourd'hui. Il se trouve que ce n'est plus vrai.

Le nombre des humains

Ne mettons pas le vin nouveau des réalités d'aujourd'hui dans les vieilles outres des attitudes d'hier. Rien n'est plus difficile que de regarder la réalité en face, surtout lorsqu'elle évolue rapidement ; l'effort est pourtant nécessaire si nous voulons garder la maîtrise de notre aventure, collective ou individuelle. La gestion de l'effectif des hommes était autrefois assurée par la « nature ». Avec la quatrième (et éventuellement cinquième) révolution démographique, nous l'en avons dépossédée. Il nous faut maintenant faire face à nos responsabilités, nous sommes en charge de nous-mêmes, nous sommes notamment en charge de notre effectif.

CHAPITRE III

Raciste ? Moi !

> *Où l'on s'interroge sur la « nature humaine », constate que les races humaines ne sont pas définissables, mais constate aussi que le racisme est bel et bien présent.*

Face aux cartes du chapitre précédent, les réactions de la plupart des lecteurs occidentaux sont facilement prévisibles : leur regard s'est porté sur les zones correspondant à leur culture : Europe, Amérique, URSS. Ils ont constaté leur amenuisement : peu à peu ces zones ont une importance relative de plus en plus faible. La marée humaine qui a commencé à déferler sur la planète provient d'autres régions. Le réflexe risque fort d'être la crainte : comment se protéger de l'invasion prévisible d'hommes si différents de nous, comment préserver notre place ?

Bien sûr, nous y reviendrons au chapitre v, le poids économique de chaque groupe humain est fonction de facteurs autres que son effectif. Un Européen saturé de nourriture, d'informations, d'images, de voyages, est autrement puissant qu'un Indien ou un Kenyan dont tous les instants sont occupés par la recherche des moyens de survivre. Mais il ne s'agit pas ici d'économie ; il s'agit d'hommes, et nous allons nous efforcer de prendre véritablement au sérieux la Déclaration des droits de l'homme, que chacun prétend approuver. Puisque nous nous présentons comme *démocrates*, acceptons la règle du jeu : chaque homme compte pour un. Ce sont donc bien les cartes 1 à 3 qui représentent la réalité humaine d'hier, d'aujourd'hui, et celle probable de demain ; la carte de la page 146, que nous commenterons au chapitre v, correspond à une réalité économique qui n'est pas ici notre propos.

Regardons lucidement ce réflexe de crainte ; il correspond, même si chacun s'en défend, à une attitude « raciste », car il est provoqué par la projection sur les divers groupes humains d'une image stéréotypée, leur attribuant des qualités, et surtout des défauts, liés à leur nature.

Cette attitude de défense, face à un avenir qui bouleverse les rapports entre les grandes collectivités humaines, qui rend surtout notre propre collectivité de moins en moins importante, ne peut être balayée d'un geste ; il faut la prendre au sérieux, en rechercher les causes, préciser dans quelle mesure elle pourrait être fondée sur une réalité. Il faut donc s'efforcer à la lucidité en évitant les discours moralisateurs et préchi-précha.

Ici, le mot important est le mot *nature*. Deux questions essentielles se posent : en quoi les hommes ou les groupes d'hommes dépendent-ils de leur nature ? Comment peut-on les classer en fonction des apports de cette nature ?

Ce que nous apporte la nature

Le point de départ de chaque être vivant est la constitution d'un patrimoine génétique : pour un être primitif uniquement capable de se *reproduire* il s'agit d'une simple copie du patrimoine de la cellule « mère » ; pour un être capable de *procréer*, ce patrimoine résulte de la réunion des gamètes émis par ses deux parents.

Dès cet instant sont précisées toutes les recettes de fabrication des substances qui le constitueront. Les protéines qui interviendront dans les multiples métabolismes à l'œuvre au cours de son développement auront des structures strictement définies par la séquence des bases A, T, C, G, qui constituent l'ADN initial. Il est tentant d'évoquer ici la métaphore de l'automate : dans celui-ci les rouages sont en place dès l'origine ; rien ne les changera jamais ; à chaque occasion, en face de chaque situation, l'automate aura une réaction strictement déterminée ; elle peut être prévue avec rigueur par celui qui connaît la disposition des pièces intérieures.

Mais méfions-nous des métaphores ; elles peuvent nous voiler l'essentiel de la réalité ; un patrimoine génétique n'est pas une machine prête à fonctionner ; il n'est pas non plus un programme prêt à se dérouler ; il est un ensemble de molécules prêtes à faire ce que font toutes les molécules : réagir lorsqu'elles sont en présence d'autres molécules. Pour que le patrimoine génétique passe à l'action, il faut qu'il y soit incité par un milieu extérieur ; pour que telle régulation génétique intervienne, il faut qu'interfèrent des substances, elles-mêmes réalisées selon des recettes génétiques. On est ici face au paradoxe souvent évoqué : le patrimoine génétique a besoin pour s'exprimer des substances mêmes qu'il définit. Ce paradoxe ne peut être éliminé qu'en se référant à la continuité du processus qui entraîne la succession des générations.

A l'origine, les apports extérieurs qui permettent le déclenchement du mécanisme de développement du nouvel être sont fournis par l'ovule maternel. En fait évoquer un événement brutal, une rupture, au point de départ de chacun est contraire à la réalité.

Chez les êtres unicellulaires la bactérie « fille » n'est pas uniquement faite d'une copie de l'ADN de la « mère », elle a hérité également d'une partie de son tissu ; de multiples structures sont déjà en place qui poursuivent, chez la bactérie nouvelle, les activités qu'elles avaient dans la bactérie d'origine ; les processus vitaux n'ont jamais été interrompus ; ils se poursuivent sans discontinuité. Le partage en deux objets devenus autonomes n'est certes pas dérisoire, mais correspond plus à un reclassement dans l'espace qu'à une rupture.

Chez les êtres qui procréent, il y a de même continuité : l'ovule maternel se développe et « vit » en poursuivant une aventure commencée avant même la naissance de la mère ; l'intrusion du spermatozoïde est certes un événement majeur, qui bouleverse bien des processus en cours et permet des développements nouveaux, mais elle n'apporte que la réorientation d'une chaîne continue d'événements.

Les ovules maternels sont des cellules parmi des milliards d'autres ; leur particularité est de n'avoir reçu que la moitié du patrimoine génétique caractéristique de l'espèce, car ils sont le produit d'une *méiose* et non d'une *mitose* (voir l'encadré p. 79). Chaque mois, l'un d'eux se sépare de l'organisme et commence une aventure dont l'aboutissement dépend de la rencontre ou non d'un spermatozoïde. Si une telle rencontre ne se produit pas, sa vie solitaire est brève ; incapable de se dédoubler, au bout de quelques jours, il dégénère et est éliminé. Si, au contraire, cette rencontre a lieu, le spermatozoïde apporte à l'ovule le complément d'ADN qui reconstitue un patrimoine génétique complet ; l'élan est donné à une série de multiplications cellulaires qui aboutiront à un être vivant. Mais, là encore, il y a continuité. De multiples structures étaient à l'œuvre dans l'ovule lorsque le spermatozoïde y a pénétré ; elles poursuivent leurs activités ; certaines de celles-ci sont cependant réorientées dans de nouvelles directions par l'intervention de l'ADN supplémentaire. Plutôt qu'une rupture, c'est une bifurcation qui se produit.

La bifurcation qui intervient ainsi à ce que l'on peut situer comme l'origine d'un individu est certes décisive, mais elle n'est pas la dernière ; de multiples événements orienteront de façon tout aussi déterminante le cheminement qui, à partir de l'œuf initial, aboutira à une personne. Les Anglo-Saxons, pour distinguer d'une part l'apport initial de l'ovule et du spermatozoïde, d'autre part les apports successifs intervenant au cours de la vie, emploient l'expression imagée *nature and nurture*. Ils formulent ainsi le problème de « l'inné et de l'acquis » que nous avons déjà évoqué au chapitre I à propos de la réalisation du système nerveux central. La meilleure traduction en français est sans doute : *la nature et l'aventure*.

La tentation est grande (toujours le danger des métaphores) de voir dans la *nature* un cadre définitivement fourni, que l'*aventure* viendrait plus ou moins remplir.

C'est là une vision simpliste qui trahit la complexité de la réalité. En fait la nature et l'aventure interagis-

ENCADRÉ N° 1

MÉIOSE ET MITOSE

Ces noms savants désignent les deux sortes de ballets dansés par les chromosomes lors de la multiplication d'une cellule : celle-ci possède dans son noyau n paires de chromosomes ($n = 23$ chez l'homme, $n = 7$ chez les pois étudiés par Mendel). Chaque paire est constituée d'un chromosome fourni par le géniteur mâle, et d'un fourni par le géniteur femelle.

Lors d'une mitose, ces chromosomes se dédoublent puis se répartissent entre deux cellules « filles » ; chacune reçoit une copie des n paires initiales ; son patrimoine génétique est donc identique à celui de la cellule « mère ».

Lors d'une méiose la répartition des chromosomes dédoublés se fait entre quatre cellules « filles » de telle façon que chacune reçoit un des membres de chaque paire ; son patrimoine génétique représente donc une moitié de celui de la cellule « mère » ; il est un cocktail de chromosomes provenant des deux géniteurs.

Les dessins représentent ces ballets dans le cas où $n = 2$; on a représenté en noir les chromosomes d'une origine, en gris ceux de l'autre origine. Les deux cellules issues de la mitose ont chacune 2 noirs et 2 gris ; les 4 cellules issues de la méiose peuvent avoir soit 2 noirs, soit 2 gris, soit 1 noir et 1 gris.

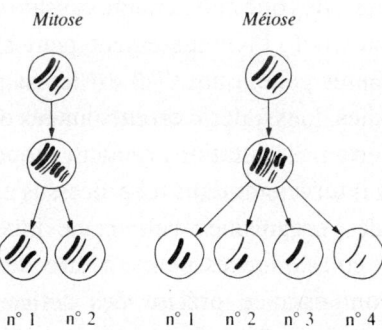

sent pour aboutir à un résultat dont, dans la plupart des cas, l'essentiel ne pouvait être prévu à partir de la connaissance de la seule nature ou de la seule aventure. *Chercher à attribuer un rôle à l'une indépendamment de l'autre, ou à affecter à chacune une « part » dans l'aboutissement, est tout simplement stupide.*

Pour certaines caractéristiques (celles qui ont permis la découverte des mécanismes de transmission et fourni la base du raisonnement des généticiens), la chaîne des déterminismes partant du contenu du patrimoine génétique et aboutissant aux caractéristiques observables est extrêmement courte. C'est le cas par exemple pour les systèmes sanguins bien connus (ABO, Rhésus, ...). Le résultat est alors fonction presque uniquement des gènes reçus ; l'aventure ne peut modifier la nature. Pour ces caractéristiques, nous sommes ce que la loterie génétique a décidé que nous serions.

Cependant, dès que cette chaîne causale commence à se complexifier, l'aboutissement peut s'affranchir des contraintes génétiques. Tel est le cas pour quelques maladies dues à des « erreurs innées du métabolisme ». Certaines mutations rendent inopérantes les substances intervenant dans tel processus essentiel au maintien de l'organisme ; celui-ci ne joue plus son rôle et les conséquences peuvent être désastreuses. Mais la connaissance précise des déficiences ainsi provoquées permet parfois d'agir et d'éviter ces conséquences : un médicament se substitue aux substances manquantes, un régime adapté évite les déséquilibres provoqués par la mutation ; l'*aventure* corrige ce que la *nature* avait raté. L'exemple le plus clair est celui de la *phénylcétonurie* qui tuait chaque année en France une soixantaine d'enfants et qui a pu être éliminée, sans que les gènes qui la provoquaient aient disparu (leur fréquence dans la population risque même de très lentement augmenter ; mais qu'importe, puisqu'ils n'ont plus de conséquences sur la santé des enfants qui les reçoivent).

Quant aux caractéristiques complexes, aboutissement d'une longue construction, les enchevêtrements de causes dont elles sont le résultat final sont si touffus, qu'il est exclu d'en séparer celles qui seraient « génétiques » ou « innées » de celles qui seraient « environnementales » ou « acquises ». Le cas le plus important est celui des caractéristiques intellectuelles. Plus que notre taille, la couleur de notre peau ou la forme de notre nez, ce qui nous définit en tant que personne est l'ensemble des activités de notre système nerveux central, grâce auquel nous sommes capables de retenir, comprendre, évoquer, imaginer...

Ces capacités, d'où viennent-elles ? Sans aucun doute, nous y avons déjà insisté, elles n'existeraient pas si notre patrimoine génétique n'avait pas contenu toutes les recettes de fabrication des structures (neurones, synapses, ...) et des produits (neurotransmetteurs) qui permettent le fonctionnement de cet ensemble. Elles dépendent donc rigoureusement de ce patrimoine.

Mais pour autant elles ne sont pas définies, spécifiées, par celui-ci. Nous sommes ici malheureusement dans un domaine où nous sommes les proies d'idées reçues véhiculées par mille canaux, en particulier par le langage, par des mots apparemment fort innocents mais lourds de présupposés.

Le mot « *capacité* » lui-même peut prêter à confusion, et cette confusion a bel et bien été exploitée par ceux qui veulent, contre toute rigueur, affirmer que les performances intellectuelles de chacun de nous sont, pour l'essentiel, définies par les gènes qu'ils ont reçus. Le plus célèbre d'entre eux est sans doute le psychologue anglais Cyril Burt qui n'a pas hésité, entre 1931 et 1970, pour démontrer l'innéité de l'intelligence, à inventer de toutes pièces des résultats d'observations soi-disant réalisées sur des paires de jumeaux. C. Burt comparait le cerveau de chacun d'entre nous à une boîte à lait ; les uns, disait-il, ont reçu à la naissance une boîte de 1 litre, d'autres une boîte de 3 litres ; l'apprentissage de diverses activités intellectuelles permet de remplir ces boîtes ; mais il est inutile de fournir un contenu de 3 litres aux premiers, ils sont incapables d'en profiter ; il convient donc de réserver un enseignement complet à ceux qui sont capables de le recevoir et seulement à ceux-là. Dans une telle vision des choses, le système scolaire a pour objectif de déceler les possibilités de chacun et de lui fournir ce qu'il est *capable* d'assimiler et rien de plus.

C'est là, on l'a reconnue, la théorie des *dons* exprimée de façon particulièrement cynique. Mais ce cynisme est sans doute plus sain que l'attitude sournoise, hypocrite, de ceux qui réfutent les théories extrêmes de Burt, mais qui acceptent de comparer les élèves selon qu'ils sont plus ou moins « doués ».

Il n'y a guère de conseil de classe où ne soit expliqué l'échec d'un élève par le fait qu'il n'est pas « doué », et la réussite d'un autre par l'affirmation qu'il est « surdoué ». Certains chercheurs canadiens ont même inventé un mot pour définir le problème posé par ces fameux surdoués : la *douance*.

Un mot, c'est bien connu, ne crée pas la chose qu'il représente ; mais trop souvent, face à un mot, nous perdons notre esprit critique et ne mettons pas en cause l'existence de l'objet désigné par ce mot, ou la signification du concept qu'évoque ce mot. Nous sommes ici devant un piège où nous risquons fréquemment de tomber. Ce sont les juristes qui nous en préviennent le mieux en introduisant la notion de « charge de la preuve ».

Lorsque je suis accusé d'un méfait, ce n'est pas à moi d'apporter la preuve que je suis innocent, c'est à l'accusateur d'apporter la preuve que je suis coupable. Il devrait en être de même chaque fois que l'on manipule des idées qui peuvent avoir des conséquences graves pour certains. Et c'est bien le cas lorsqu'un élève étant déclaré « peu doué », l'on se croit autorisé à l'orienter vers des filières plus ou moins courtes, des enseignements au rabais, fermant presque à coup sûr devant lui toutes les voies qui lui auraient permis de s'épanouir. En toute justice il faudrait apporter la preuve de ce manque de dons, c'est-à-dire la preuve que les échecs subis sont provoqués par une déficience *naturelle*. Sauf cas pathologiques, cette preuve ne peut pas être fournie. Des enseignants qui empêchent un élève de poursuivre ses études avec le seul argument qu'il n'est pas « doué » sont semblables à des juges qui condamneraient un accusé sans écouter la défense.

La référence aux dons est en fait une référence à la nature : certains hommes seraient « faits pour » être manuels, d'autres pour être intellectuels. Cette phrase a été tant de fois répétée (y compris dans un ouvrage politique récent écrit par un ancien président de la République) qu'on l'accepte sans réfléchir. *Or elle ne peut être qu'une absurdité.* Notre nature, c'est, au départ, quelques milligrammes de cytoplasme, et une double série de chromosomes riches de quelque 3 milliards de structures chimiques élémentaires (les nucléotides dont chacune des quatre catégories est désignée par une lettre, A, T, C, G). Cette collection correspond, nous l'avons vu au chapitre I, à moins de 100 000 recettes de fabrication, les gènes. Ce nombre peut paraître élevé ; en fait il est le signe d'une extrême pauvreté de moyens face à la richesse de

Raciste ? Moi !

l'organisme à réaliser. Ces recettes peuvent, certes, avoir une influence sur certaines de nos aptitudes, certains traits de notre caractère, mais par l'intermédiaire d'un cheminement si complexe, que l'on est bien incapable de le décrire.

Avant d'affirmer que tel trait intellectuel, capacité pour les mathématiques ou goût pour la musique, est « génétique », est « naturel », il est nécessaire d'en donner la preuve ; or jusqu'à maintenant cette preuve n'a pu être fournie pour aucun trait intellectuel. Les quelques exemples de familles de mathématiciens ou de musiciens (comme les descendants de J.S. Bach) si souvent évoqués dans les manuels ne fournissent évidemment aucun argument convaincant, les contre-exemples sont plus nombreux encore.

Finalement ce que nous a fourni la nature était nécessaire pour que notre organisme se réalise et se maintienne, mais n'était pas suffisant pour que notre personnalité se construise. Ce constat est bien résumé par le philosophe André Nataf : « Nous héritons de tout, sauf de nous-même. »

Si j'épuise la description de moi-même en annonçant que j'ai le groupe sanguin A, la peau blanche, les cheveux blonds, etc., alors je ne suis que le résultat de la loterie qui a choisi mes gènes et l'on peut parler de ma « nature ». Mais, en opérant une telle réduction à quelques caractéristiques, il est clair que je trahis l'essentiel. Dès que j'évoque ce qui constitue réellement ma personne, et notamment les exigences qui

Raciste ? Moi !

font véritablement de moi un membre de la collectivité humaine : dignité, justice, liberté, j'échappe à ces définitions purement biologiques et ma « nature » n'a plus qu'un intérêt dérisoire.

Comment définir les races ?

Et pourtant c'est au nom de leur « nature » que certains hommes sont méprisés et d'autres glorifiés. C'est essentiellement au XIXe siècle que la justification de ces attitudes a été recherchée dans la réalité concrète des hommes. Auparavant il suffisait d'admettre que le roi était roi « par la grâce de Dieu » et que chacun devait rester à la place où Dieu l'avait mis ; c'était plus notre âme, émanant d'un autre monde, que notre corps inséré dans les réalités concrètes de ce monde, qui provoquait une hiérarchie. Le développement d'une attitude « scientiste » a rendu ces arguments insuffisants. Des travaux innombrables ont tenté de classer les hommes selon leur nature, chaque unité de ce classement constituant une *race*. La définition des diverses races humaines était l'objectif principal des anthropologues. Ils ont accumulé des observations portant sur les populations les plus diverses, ils ont imaginé de subtils traitements statistiques, ils ont mis au point de multiples tech-

Raciste ? Moi !

niques de classification, mais ils ne sont pas parvenus au moindre accord sur les frontières à tracer entre les races.

En fait, leur effort ne pouvait aboutir, car une donnée essentielle leur manquait : la connaissance du processus par lequel les caractéristiques des individus sont transmises de parents à enfants. On avait bien noté, depuis longtemps, une ressemblance entre les générations successives, mais on ignorait la cause biologique de cette ressemblance. Ce n'est qu'en 1865 que le mystère de la procréation à deux, le mécanisme étrange grâce auquel deux êtres en produisent un, a été, pour la première fois, élucidé. Gregor Mendel a avancé l'hypothèse apparemment extravagante, mais finalement réaliste, d'une double commande de chaque fonction biologique.

Mendel apportait ainsi une révolution conceptuelle profonde, car il admettait que les parents ne transmettent pas à leurs enfants leurs caractéristiques apparentes, mais la moitié des facteurs, les gènes selon la terminologie d'aujourd'hui, qui en eux gouvernent ces caractéristiques.

Cette révolution était si décisive que personne ne l'a comprise sur le moment ; il a fallu attendre le début du XXe siècle pour que la découverte des chromosomes présents dans les noyaux des cellules et surtout la constatation de leur étrange comportement (évoqué dans l'encadré de la page 79) lors de la multiplication de ces cellules obligent à admettre que le processus de transmission était bien celui proposé par Mendel.

Pour caractériser une population, il ne s'agit plus, depuis Mendel, de décrire les traits apparents : couleur de la peau, taille, tour de tête, indice céphalique... , paramètres qui avaient tant passionné les anthropologues ; il s'agit de préciser la nature des gènes qui se manifestent par l'intermédiaire de ces traits. C'est son patrimoine génétique qui définit biologiquement une population, car ce patrimoine, transmis de génération en génération, représente sa véritable constante biologique.

Le soin de tracer les frontières entre les races est alors passé des anthropologues aux généticiens et surtout à ceux qui, parmi eux, ont pour spécialité la génétique des populations. Simultanément les caractéristiques prises en considération ont été totalement modifiées. Il se trouve en effet que les traits apparents n'ont pas, pour la plupart, un déterminisme génétique simple ; certes ils sont sous la dépendance des gènes, mais l'effet de ceux-ci interfère de façon complexe avec l'influence du milieu. Pour avoir accès aux gènes, il faut observer des traits qui manifestent directement ceux-ci, c'est-à-dire dont la transmission de parents à enfants est conforme au schéma proposé par Mendel et vérifié par ses célèbres expériences sur les pois. Ces traits sont essentiellement les multiples systèmes sanguins ou immunologiques. A partir d'un petit tube de sang, les laboratoires peuvent aujour-

Raciste ? Moi !

d'hui analyser environ une centaine de types de molécules comportant chacun deux, trois, parfois des dizaines de variantes, correspondant à autant de gènes distincts.

Le travail permettant de définir les races humaines était donc entièrement à refaire. Les généticiens des populations l'ont entrepris avec courage. Ils ont monté des expéditions dans les régions les plus reculées, les plus inaccessibles, Népal, plateaux des Andes, villages groenlandais. Au prix de véritables tours de force, ils ont pu mesurer dans les diverses populations rencontrées les fréquences des diverses variantes génétiques. Ils ont mis en place une collaboration internationale permettant d'accumuler et de comparer les observations. Lorsque enfin ils ont cherché à tirer la leçon de cette grande entreprise, ils ont abouti à ce constat inattendu : les races humaines ne sont pas définissables. Selon l'affirmation de François Jacob, prix Nobel : « Le concept de race s'est dilué et a perdu toute valeur opératoire. »

Les généticiens aboutissent apparemment au même échec qu'avant eux les anthropologues, mais cet échec même a permis une meilleure lucidité sur notre espèce.

L'idée de race correspondait dans l'esprit des anthropologues à celle de *type* : à l'intérieur de chaque race les individus devaient reproduire, à quelques variations près, le type racial, celui-ci étant défini, plus ou moins explicitement, comme la moyenne de tous les résultats observés pour chaque caractère, ce qui élimine les écarts individuels accidentels.

Une première difficulté a été rencontrée lorsque l'on a constaté que l'individu moyen, c'est-à-dire celui dont chaque caractéristique serait égale à la moyenne trouvée pour la population, ne peut pas exister : s'il a la taille moyenne, il ne peut pas avoir le poids moyen (en effet le poids est proportionnel au volume, lui-même est proportionnel au cube des longueurs ; or la moyenne des cubes n'est pas égale au cube des moyennes. Ainsi la moyenne de 1, de 2 et de 3 est 2, la moyenne de leurs cubes est 12, cependant que $2^3 = 8$).

Mais, surtout, pour que chaque groupe soit bien défini par son type, il faut que les variations individuelles à l'intérieur d'un groupe soient beaucoup plus petites que les écarts entre groupes. Lorsque cette condition est satisfaite, chacun peut être affecté à un groupe, sa « race », sans trop d'ambiguïté. En fait, cette condition est rarement remplie. Le caractère qui a été le plus utilisé pour définir les races, la couleur de la peau, est exemplaire ; les différences entre individus appartenant à une population réputée homogène sont si grandes qu'avec quatre populations seulement, les Sara du Tchad, les Bushmen, les Chaouias d'Algérie et les Belges on peut « relier sans discontinuité les humains les plus pigmentés aux plus clairs de peau » (A. Langaney).

Raciste ? Moi !

Pour les généticiens il n'est plus question de « type », mais de structure génétique ; chaque population est définie par l'ensemble des fréquences des diverses catégories de gènes observées. Les populations ayant des fréquences voisines appartiennent à une même « race ». Malheureusement l'examen des résultats obtenus ne permet guère, en général, d'aboutir à une classification claire. Deux populations qui sont semblables pour tel système sanguin sont souvent très différentes pour tel autre. Pour progresser l'on s'efforce de synthétiser l'ensemble des ressemblances et des dissemblances au moyen d'un nombre, la distance génétique entre populations. Mais l'on se heurte très vite à l'impossibilité d'aboutir sans admettre des hypothèses si arbitraires qu'elles vident les conclusions de toute signification.

Ce constat n'est cependant pas vraiment un constat d'échec, car l'impossibilité de définir une classification des hommes en races n'est pas le signe d'une insuffisance peut-être provisoire de nos méthodes d'analyse ; elle met en lumière une réalité biologique durable et fort bien définissable.

Pour que deux populations appartenant à une même espèce se différencient, il faut qu'elles soient isolées génétiquement l'une de l'autre de façon très stricte. Deux processus bien distincts provoquent cette différenciation :

— d'une part, en raison de l'intervention du hasard lors de la transmission de parents à enfants, tel gène disparaît dans une population tandis qu'il se répand dans l'autre ; c'est le phénomène de *dérive génétique*, d'autant plus rapide que l'effectif des populations est plus petit ;

— d'autre part, les conditions imposées par le milieu favorisent les individus dotés de tel gène dans une population vivant dans un certain environnement, le défavorisent dans une autre. Dans la première il se répand, dans la seconde il disparaît ; c'est le processus d'évolution sous l'effet de la *sélection naturelle*, d'autant plus efficace que les milieux de vie sont plus contrastés.

Ces transformations, qui éloignent l'une de l'autre les structures génétiques, ne peuvent avoir à la longue des effets significatifs que si les échanges sont extrêmement limités. C'est là sans doute un des résultats les plus importants des modèles théoriques étudiés par la génétique des populations : il suffit d'un faible flux migratoire entre deux populations pour effacer les différences entre leurs structures génétiques résultant de l'action, au cours de nombreuses générations, de la dérive et de la sélection.

De tels isolements de longue durée se produisent souvent dans la nature pour les espèces animales : peu à peu les diverses populations d'une même espèce se trouvent dotées de patrimoines génétiques suffisamment distincts pour que l'on puisse la subdiviser, à bon droit, en diverses races. Il se trouve que notre espèce a un comportement qui rend ces isolements

Raciste ? Moi !

très exceptionnels. Les hommes sont poussés par leur curiosité à aller voir ce qu'il y a derrière la montagne ou au-delà de l'océan ; s'ils y trouvent d'autres hommes, ils n'ont de cesse de transmettre leurs gènes à cette population.

L'espèce humaine pourrait être classée en races bien distinctes si son histoire pouvait être décrite, comme celle de nombreuses familles d'animaux, par un arbre peu à peu ramifié en branches résultant de scissions successives. En réalité cette histoire ne peut être représentée que par un réseau comportant aussi bien des fusions que des scissions. Cette particularité rend illusoire à la fois la reconstitution de l'histoire des filiations entre populations et la classification de celles-ci en races bien définies.

La conclusion du biologiste est donc claire : les individus de l'espèce humaine sont fort différents les uns des autres ; les populations qu'ils constituent ont toutes des patrimoines génétiques spécifiques : mais il est impossible de tracer des frontières permettant de regrouper ces populations en « races » distinctes.

De l'absence de races à la présence du racisme

Constatant leur incapacité à résoudre « scientifiquement » le problème posé par la définition des

Raciste ? Moi !

races humaines, les généticiens pourraient avoir le sentiment déplaisant de n'avoir pu faire mieux en ce domaine que les anthropologues. Ils essaient cependant de se consoler en pensant que leur conclusion a du moins une conséquence heureuse : contribuer à éliminer le racisme. Comment peut-on être raciste, s'il n'y a pas de races ?

Hélas, force est de constater que cet argument de bon sens ne pèse guère. Le racisme est tout autre chose que l'aboutissement d'un raisonnement fondé sur une réalité objective. Il est lui-même une réalité, vécue collectivement par beaucoup d'entre nous. Comment définir cette réalité, comment expliquer son existence ?

Le terme « racisme » est utilisé à mille propos, il a subi le pire sort qui puisse accabler un mot : participer à des querelles politiques. Il a ainsi été vidé de toute signification précise. Avant de l'employer il est donc nécessaire de lui donner sens. Proposons cette définition : être raciste c'est justifier un mépris pour un individu ou pour un groupe, en se référant aux caractéristiques naturelles de la population à laquelle il appartient.

L'exemple limite de l'attitude raciste est la phrase célèbre de Maurice Barrès à qui l'on apportait les preuves de l'injustice dont était victime le capitaine Dreyfus : « Que Dreyfus soit un traître, je le déduis de sa race. » Autrement dit : « Dreyfus est juif, tous les Juifs sont des traîtres, donc Dreyfus est un

Raciste ? Moi !

traître. » De façon moins cynique, plus hypocrite, plus subreptice, c'est ce syllogisme que l'on utilise chaque fois que l'on fait référence à la nature d'un groupe : « Tous les (Noirs, Juifs, Arabes,...) sont (voleurs, paresseux, fourbes,...) c'est dans leur *nature*. »

La spécificité du racisme tient dans cette référence à la nature qui enfermerait chaque homme dans une attitude qui lui est dictée, à laquelle il ne peut échapper. Étant des ... ils ne peuvent être autrement que voleurs, paresseux... Dans la foulée le raciste affirme même volontiers qu'il n'en veut pas à ceux qu'il méprise d'être ainsi faits ; ce n'est pas leur faute ; mais il est bien obligé d'en tenir compte et de se protéger d'eux. Car il s'agit de se protéger et pour cela de mettre à part : « Le racisme est une conduite de mise à part revêtue du signe de la permanence » (Colette Guillaumin). Or quelle marque plus permanente d'un groupe que son patrimoine génétique ? Tout naturellement c'est donc sur les données apportées par la génétique que le racisme cherche à se fonder.

Il est significatif que toutes les politiques ouvertement racistes apparues au cours de ce siècle aient prétendu se développer à partir d'une base scientifique. Durant la période du nazisme, l'Institut d'anthropologie de Berlin était dirigé par un certain von Verschuer qui se félicitait de voir à la tête de l'Allemagne « le premier homme d'État qui ait fait de la biologie héréditaire un principe directeur de la conduite de l'État ». On sait où a mené ce principe directeur.

De même lorsque en 1924 les États-Unis ont voulu limiter le flux de l'immigration, ils ont promulgué l'Immigration Act qui fermait la porte de ce pays devant les peuples considérés comme « naturellement » les moins intelligents, Noirs, Slaves, Juifs ou Italiens !

De façon plus sournoise, mais dévoilant le même état d'esprit, une certaine presse française essaie depuis quelques années de diffuser l'idée que les hommes sont naturellement inégaux, et qu'ils sont « par conséquent » hiérarchisables ; les uns représentent la « crème » et les autres la « lie » de l'humanité. Apparaît ainsi une forme de racisme fondée non sur la couleur de la peau ou la texture des cheveux mais sur l'appartenance à une classe sociale. Naturellement la science est invoquée pour justifier ces théories, et cette justification emprunte un langage qui se présente comme scientifique, alors qu'il est exactement à l'opposé de toute rigueur.

L'exemple le plus significatif est celui de l'« héritabilité de l'intelligence ». A grand renfort de termes techniques ou même d'équations, certains journalistes prétendent que les capacités intellectuelles sont définies par le patrimoine génétique, et sont donc héréditaires ; ils en concluent que la (trop) célèbre « banque de sperme des prix Nobel » est une merveilleuse entreprise qui permettra d'améliorer l'intelligence humaine. Sur la même lancée on a pu lire en 1985, dans un journal politique du Loir-et-Cher, un raisonnement apparemment rigoureux : si certains Français sont sans culture, sans ressources, sans espoir, c'est qu'ils n'ont pas su faire leur place dans la société ; cette incapacité résulte de leur dotation génétique défavorable ; donc il faut les dissuader d'avoir beaucoup d'enfants, et pour cela diminuer les allocations familiales attribuées aux classes sociales les plus pauvres.

Le plus grave est que l'apparence logique de ces raisonnements risque de tromper les esprits non suffisamment informés. En réalité, dès que l'on s'adresse aux scientifiques concernés, ils déclarent unanimement que ces divagations sont à l'opposé des résultats apportés par la science, mais leurs affirmations ont moins d'échos que certains articles bien orchestrés. Ainsi les biologistes interrogés par *le Figaro* en mars 1980 ont, sans aucune exception, estimé que la banque du sperme des prix Nobel était une tentative grotesque ; mais cela n'a pas empêché le supplément hebdomadaire de ce même journal de continuer sa campagne favorable aux « bébés Nobel ».

Le racisme, c'est-à-dire le mépris, n'a en réalité besoin d'aucune justification pour s'affirmer et se développer. La recherche d'une couverture scientifique n'est qu'un avatar lié au prestige, sans doute provisoire, dont bénéficie la science aujourd'hui. Il s'agit toujours d'une affirmation parfaitement gratuite et qui se satisfait d'elle-même, en dehors de tout support réel. Citons-en deux exemples, les Burakumin du Japon et les Cagots des Pyrénées.

La religion shinto, majoritaire au Japon, considère comme une souillure, une impureté, le fait de tuer et dépecer les animaux pour les manger. Les hommes chargés de ces fonctions, les Eta, formaient autrefois une caste à part ; ils n'avaient aucun rapport avec les autres citoyens et se mariaient entre eux. Leurs descendants, les *Burakumin,* sont encore considérés, malgré les efforts de quelques groupes d'intellectuels, comme des réprouvés ; les parents préfèrent aujourd'hui ne pas les avoir pour gendres ou pour belles-filles, ni les chefs de personnel comme employés ; il leur est très difficile de s'insérer dans la société (Lydia Flem).

Les *Cagots* ont constitué depuis de nombreux siècles une race maudite de chaque côté des Pyrénées. Leur désignation même est mystérieuse ; pour les uns elle signifie qu'ils sont des malades, des lépreux, sources de contagion ; pour les autres cagot vient de caque, excrément, car les Cagots par définition sentent mauvais. Selon une croyance autrefois admise par tous, ils sont, par nature, impurs ; ils n'ont donc pas le droit d'utiliser les mêmes fontaines que les citoyens normaux ; à l'église ils entrent par une porte spéciale qui leur est réservée. Bien sûr ils n'ont le

Raciste ? Moi !

droit de se marier qu'entre eux. Et si des calamités s'abattent sur le pays la cause ne peut que leur en être attribuée. Aujourd'hui, ceux qui savent descendre d'ancêtres catalogués Cagots préfèrent ne pas évoquer cette ascendance.

Dans ces deux cas la définition du groupe ne repose sur rien de concret ; mais peu importe, l'on est considéré comme Cagot puisque l'on avait des parents définis comme Cagots ; il suffit de prononcer le mot pour que le mépris soit justifié. Et le mépris est bien commode, lorsque l'on cherche un responsable de toutes les difficultés, un bouc émissaire sur qui détourner la colère de tous. L'histoire du racisme est avant tout celle de mots pervertis, d'affirmations vides de toute réalité, mais qui peu à peu créent une réalité. L'histoire de l'antisémitisme en est un exemple extrême. Considérés comme déicides, les Juifs ont été longtemps privés de certains droits, comme posséder des terres ou servir dans l'armée ; ils pouvaient par contre exercer un métier considéré comme maudit, le commerce de l'argent, à une époque où prêter avec intérêt était, pour un chrétien, un péché ; ils ont ainsi joué un rôle économique essentiel mais qui, naturellement, alimentait la haine que l'on éprouvait envers eux. On sait aujourd'hui à quelles horreurs peut aboutir ce mécanisme diabolique que Sartre résume par une formule : « C'est l'antisémite qui fait le Juif. »

Face à « la bête immonde au ventre toujours

fécond » qu'est le racisme, la seule défense est la lucidité ; il faut s'efforcer de comprendre le sens des mots, vérifier que ce sens respecte la réalité, ne pas accepter pour bonnes certaines affirmations pour la seule raison qu'elles ont été répétées cent fois.

L'« autre » est différent, certes. Il ne s'agit pas de nier cette différence, ou de prétendre l'oublier, mais d'en tirer parti. Car la vie se nourrit de différences ; l'uniformité mène à la mort.

Vers une société pluriculturelle

Revenons à nos cartes. C'est vrai, la place occupée par les populations dont la culture nous semble proche de la nôtre sera beaucoup moins importante dans un siècle qu'aujourd'hui. Cette modification du poids relatif de chaque groupe entraînera un changement de l'« homme moyen », mais nous avons vu que ce concept n'avait qu'un sens statistique et bien peu de sens biologique.

La proportion des hommes ayant la peau foncée, ou ayant les yeux bridés sera plus grande ; oui, et alors ? N'oublions pas que les diverses catégories représentées par nos neuf rectangles ne représentent pas des *races* supposées homogènes, elles correspondent à des définitions très arbitraires liées aux statistiques disponibles. A l'intérieur de chaque groupe, les différences entre individus sont considérables. Répétons-le, la notion de type n'est pas utilisable pour notre espèce.

Si nous nous intéressons à la définition biologique de l'espèce, force est de reconnaître que le remplacement d'hommes petits par des hommes grands, d'hommes blonds par des châtains, d'hommes blancs de peau par des noirs de peau, n'a pratiquement aucune conséquence. Seule compte la définition fondamentale des individus que nous convenons d'appeler « hommes » : des êtres capables de participer à leur propre construction, de ne pas se contenter du statut d'objets, de devenir des sujets. Ce qui importe alors n'est pas la couleur de la peau ou la forme des paupières, mais la capacité des environnements « humains », c'est-à-dire des cultures, à faire de chaque homme un sujet.

Essayons d'être clairs. Parmi les cultures si diverses des hommes d'aujourd'hui, la nôtre est-elle la plus capable d'aboutir à réaliser cet objectif ? La réponse est hélas négative. Il ne s'agit pas de nier ses avantages, ni ses réussites, mais de prendre conscience d'une caractéristique qui la mine intérieurement et qui représente un danger pour tous les peuples de la Terre : sa propension à faire de chacun de nous un objet, et même un objet satisfait de l'être.

Il suffit pour le constater de regarder les manifestations où l'enthousiasme collectif se déchaîne : lorsque

Raciste ? Moi !

ENCADRÉ

UNE HISTOIRE PLURICULTURELLE :

C'est en Mésopotamie que l'on trouve les traces les plus anciennes de raisonnement mathématique. Les Babyloniens ont inventé, plus de deux mille ans av. J.-C., le système de notation des nombres que nous utilisons encore : chaque chiffre a une valeur qui dépend non seulement de sa forme mais de sa position (si j'écris 1 335, le premier 3 représente trois centaines, le second trois dizaines). La seule différence avec notre système actuel était l'utilisation d'une numération à base 60, qui s'est perpétuée jusqu'à maintenant pour le décompte des minutes et des secondes, mais a été lentement supplantée dans les autres domaines par la numération à base 10.

Après bien des années, les Mésopotamiens ont même inventé le zéro pour résoudre le problème des emplacements vides dans la succession des chiffres formant un nombre. Ainsi armés, ils ont développé l'algèbre, la géométrie, l'astronomie.

A partir du Ve siècle av. J.-C. les Grecs prennent le relais ; s'inspirant des travaux réalisés en Mésopotamie, ils enrichissent la géométrie de résultats nouveaux et orientent leurs réflexions vers les mathématiques théoriques. Leur influence s'étend en Perse et aux Indes dès le IIe siècle av. J.-C.

La fin de la civilisation gréco-romaine au IVe siècle ap. J.-C. entraîne un arrêt de toute activité créatrice en

---

100 000 personnes s'enrhument dans un stade glacial pour regarder 20 ou 30 champions se disputer un ballon de cuir, ne sont-ils pas tous, acteurs et spectateurs, des objets manipulés, persuadés qu'ils partici-

> N° 2
>
> **L'INVENTION DES MATHÉMATIQUES**
>
> Europe. Le flambeau est repris par l'islam au VIIIe siècle. Les Arabes répandent à partir de la Perse les acquis mathématiques antérieurs et surtout poursuivent leur développement, notamment en algèbre. Le nom même de cette discipline vient du livre *Kitab al-jabr...*, écrit à Bagdad en 825.
> Au XIIIe siècle les mathématiciens arabes commencent à être connus en Italie, puis dans l'ensemble de l'Europe. Mais c'est surtout à partir du XVIe siècle que les progrès s'accélèrent grâce aux mathématiciens italiens, français, anglais, allemands, russes...
> Aujourd'hui les mathématiques sont une œuvre collective à laquelle participent des chercheurs de toutes nationalités. Nul ne pose la question de savoir quels sont les meilleurs en ce domaine des Soviétiques ou des Américains, des Japonais ou des Indiens...
> Or il s'agit de la discipline scientifique qui est au cœur de toutes les autres. C'est elle qui est le plus au service de l'ambition permanente des hommes : comprendre. D'un siècle à l'autre les cultures se sont passé le témoin ; aujourd'hui les mathématiciens de tous les continents parlent un langage commun et s'efforcent, quelles que soient leurs options ou leurs opinions par ailleurs de poser les problèmes en termes intelligibles par tous. Cette entreprise commune ne pourrait-elle servir d'exemple à beaucoup d'autres ?

pent à un événement, alors que tout cela n'est que dérision et insignifiance. Ils sont si éloignés de leur état de sujets qu'ils peuvent en venir à s'entretuer au moindre incident. Lorsque quelques conducteurs de

Raciste ? Moi !

motos ou de voitures dépensent des fortunes et risquent leur vie, pour aller, sans autre raison que la vitesse, de Paris à Dakar, incapables de jeter un regard sur les paysages fabuleux qu'ils traversent, ne sont-ils pas des objets, si satisfaits de l'être qu'ils couvrent joyeusement d'étiquettes leurs machines et eux-mêmes ? Ils ne sont plus que des hommes-sandwiches, plus sandwiches qu'hommes et déjà à moitié dévorés.

Notre société se donne bonne conscience en affichant son mépris pour les prostituées qui acceptent de considérer leur corps comme un objet et de le vendre. Il faut une certaine hypocrisie pour saluer simultanément en héros ceux qui vendent leur santé au profit d'une quelconque entreprise dont ils ne connaissent que le salaire qu'elles leur octroient, que ce soit les motos Honda, les cigarettes Gitane ou le pastis Ricard. De plus en plus notre culture tend à « chosifier » chaque individu, à en faire un élément standardisé, classé, étiqueté, emballé, prêt à consommer.

Les autres civilisations ont certes, elles aussi, leurs vices ; mais le choc des rencontres peut apporter à chacune l'occasion d'une remise en cause. Il en est des cultures comme des organismes vivants ; isolées, refermées sur elles-mêmes, elles s'atrophient, perdent tout dynamisme créateur, se contentent de répéter inlassablement les mêmes recettes et s'effondrent dans l'autosatisfaction et l'intolérance. Confrontées à d'autres, elles peuvent se transformer,

Raciste ? Moi !

s'engager dans de nouvelles aventures, explorer d'autres possibilités.

Il est contraire à toute réalité d'évoquer un « génie » propre à une société, qui correspondrait à sa *nature* profonde, se maintiendrait intact en profondeur au-delà de variations superficielles et provisoires, et qu'il faudrait préserver pour assurer la pérennité du groupe. Certes chaque société a un passé qui conditionne son état présent, mais sa pérennité résulte de sa capacité à poursuivre son évolution, non à se figer dans un état présenté comme un aboutissement définitif. Et cette évolution nécessite échanges et confrontations avec d'autres.

Ces échanges, ces confrontations seront plus intenses, plus fréquents après la transformation entraînée par la récente révolution démographique. C'est cela la conséquence la plus claire des changements illustrés par nos cartes : il y a un ou deux siècles les divers groupes d'hommes pouvaient s'ignorer et évoluer chacun pour son compte, en fonction de critères locaux. Aujourd'hui, ils sont tous en contact et le seront plus encore à la fin du siècle prochain. Le premier réflexe inspiré par une attitude raciste peut être la crainte ; la réflexion lucide devrait nous montrer que cette multiplication des contacts sera une chance pour tous.

Mais saurons-nous saisir cette chance et surtout aurons-nous la possibilité de la saisir ? Il se peut fort bien malheureusement que la réalité humaine à venir ne soit pas décrite par la carte n° 3, mais par une carte devenue totalement vide. L'on agite souvent la crainte d'un excès d'hommes ; bien plus fondée et urgente est la crainte d'une disparition brutale et complète des hommes. Car nous nous sommes donné les moyens de suicider l'humanité.

CHAPITRE IV

Le possible suicide nucléaire

> *Où l'on prend la mesure d'une démence, et où l'on prend conscience d'une urgence.*

Chacun connaît la chanson : « Un jeune homme vient de se pendre dans la forêt de Saint-Germain. » Quand on le découvre il vit encore ; il faut le dépendre ; mais qui doit le faire ? les pompiers, les gendarmes ? On s'interroge, on tergiverse, on s'agite, et lorsque enfin on le dépend « le cadavre est déjà bleu ». L'affaire est contée plaisamment ; à propos d'un drame elle fait sourire.

Ici je ne cherche pas à faire sourire, mais à prendre conscience de la réalité d'aujourd'hui : les hommes viennent de passer le cou dans le nœud coulant nucléaire ; l'humanité, si les choses continuent sur leur lancée actuelle, ne sera plus, bientôt, qu'un cadavre. Par quelle aberration ne mettons-nous pas

Le possible suicide nucléaire

toute notre intelligence, toute notre énergie, à inverser ce processus de mort ?

Avant tout il est nécessaire de regarder cette réalité en face et de ne pas la camoufler en prétendant la décrire ; or c'est ce camouflage que réalise l'emploi de mots forgés à propos de tout autres objets, ainsi les mots armes, guerre, équilibre. Les armes nucléaires apportent une possibilité d'action totalement nouvelle ; jamais aucun homme n'a eu entre les mains des objets de cette nature ; raisonner à leur propos comme s'ils étaient simplement une extrapolation d'objets déjà expérimentés, c'est se comporter avec autant d'inconscience que des enfants qui jouent dans un champ, y découvrent une grenade, et poursuivent leur jeu en l'utilisant comme un ballon.

La courte histoire de l'arme nucléaire

Le point de départ de cette aventure, telle que jamais notre espèce n'en a vécu de semblables, est la découverte par Einstein de l'équivalence entre la matière et l'énergie ; la formule est maintenant célèbre : $E = mc^2$. Dans l'esprit de son inventeur elle correspondait à une égalité toute théorique permettant de relier des concepts jusque-là bien distincts, masse, énergie et vitesse de la lumière ; mais il n'était

Le possible suicide nucléaire

nullement évident pour lui que cette énergie latente, présente dans la matière, pourrait un jour être mise en condition de se manifester et d'être exploitée. Certes on connaît depuis longtemps de multiples réactions chimiques s'accompagnant d'un dégagement de chaleur ; par exemple les réactions d'oxydation décrites par des formules telles que : $C + O_2 \rightarrow CO_2 +$ chaleur ; elles sont utilisées par les êtres qui respirent pour obtenir l'énergie nécessaire à leurs divers métabolismes. Mais cette énergie provient d'un changement de l'association des atomes en molécules, elle ne modifie pas l'identité de leurs noyaux.

C'est un peu par hasard que la possibilité de passer de la formule théorique d'Einstein à la réalisation concrète a été mise en évidence, en 1938 à Berlin : le physicien Hahn réalisa alors, sans l'avoir cherchée et sans même s'en rendre compte au début, la première réaction en chaîne. Le principe de cette réaction est simple : un noyau atomique lourd (l'uranium 235 ou le plutonium 239) se décompose, sous l'impact d'un neutron, en deux noyaux légers et émet quelques neutrons ; ceux-ci à leur tour provoquent chacun la fission d'un autre noyau lourd ce qui entraîne de nouvelles fissions, etc. Cette chaîne, qui se poursuit jusqu'à ce que tous les noyaux d'uranium ou de plutonium présents aient été brisés, fournit une énergie considérable. En effet la masse du noyau initial est supérieure à la masse totale de l'ensemble des produits de fission. Cette perte de masse entraîne le

Le possible suicide nucléaire

dégagement d'une énergie correspondant à la formule d'Einstein. Ce n'est plus une énergie d'origine *atomique*, comme celle fournie par une réaction classique, mais une énergie d'origine *nucléaire*.

Par crainte d'une utilisation par les nazis de cette nouvelle source d'énergie, des physiciens américains, au premier rang desquels Einstein lui-même, pressèrent le président Roosevelt d'engager des recherches et de réaliser des bombes nucléaires ; on connaît l'aboutissement, la destruction, les 6 et 9 août 1945, d'Hiroshima et de Nagasaki.

Du côté soviétique les recherches théoriques furent développées dans la même direction dès 1941, mais les moyens matériels nécessaires pour aboutir concrètement ne purent être réunis qu'après la fin de la guerre ; c'est en août 1949 que la première arme nucléaire fut expérimentée par l'URSS.

Cette réussite soviétique relança aux États-Unis un projet conçu dès 1942, mais qui n'avait été poursuivi qu'avec fort peu de vigueur, celui d'une super-bombe nucléaire. Le principe en était très différent de celui des bombes à uranium ou à plutonium : il ne s'agissait plus de casser un noyau lourd (phénomène de *fission*), mais de faire se rassembler en un seul des noyaux légers (phénomène de *fusion*). C'est là une réaction tout à fait naturelle, puisque c'est à elle que nous devons de vivre : elle fournit en effet l'énorme énergie rayonnée par le Soleil et par la plupart des étoiles. Lorsque la température est suffisante (de

Le possible suicide nucléaire

l'ordre de 15 millions de degrés) les atomes d'hydrogène entrent dans un cycle de réactions qui aboutit à la production de noyaux d'hélium et dégage (en raison à nouveau d'une perte de masse) une énorme quantité d'énergie. Pour provoquer artificiellement des réactions de ce type, le problème central est de réaliser pendant une infime fraction de seconde une température suffisamment élevée. Le problème a pu être résolu en utilisant, comme « allumette » de la bombe à fusion (ou « bombe H »), une bombe à fission.

Afin de n'être pas rejoints puis dépassés par les Soviétiques, les Américains décidèrent en janvier 1950 d'accélérer études et mises au point de cette nouvelle technique et, le 1er novembre 1952, la première « bombe H » explosait sur une petite île qu'elle faisait totalement disparaître. Naturellement les Soviétiques n'acceptèrent pas de laisser subsister un retard qui avait les allures d'une infériorité, ils suivirent la même voie et parvinrent au même succès en août 1953, dix mois seulement après les Américains.

Et, depuis, la course folle se poursuit ; le peloton de tête des deux « Grands » est suivi par quelques nations (Grande-Bretagne, France, Chine, et sans doute bien d'autres) qui croiraient perdre de leur importance « sur la scène mondiale », si elles ne participaient pas au « club nucléaire ».

Où en sommes-nous aujourd'hui ? Mieux qu'un

Le possible suicide nucléaire

déballage de chiffres, dont notre imagination est bien incapable de percevoir la signification, un dessin peut résumer la réalité des moyens de destruction actuellement disponibles. Sur les schémas de l'encadré n° 3, chaque point représente l'équivalent de dix fois les quelque 15 kilotonnes qui ont été lancées sur Hiroshima (1 kilotonne est une puissance égale à celle de 1 000 bombes contenant chacune une tonne d'un explosif particulièrement puissant, le TNT. Imaginez 1 500 bombardiers lourds déversant chacun 10 bombes de cette taille sur une ville ; les dégâts seraient semblables à ceux provoqués par l'unique forteresse volante apparue le 6 août 1945, à l'aube, dans le ciel d'Hiroshima). Les points qui ont été figurés dans les quatre dernières pages de cet encadré sont si nombreux qu'il n'est guère facile de les compter : il y en a environ 100 000. Cela signifie que les stocks accumulés dépassent aujourd'hui 15 000 mégatonnes. Pour permettre une comparaison, on a représenté également l'ensemble des points correspondant à la totalité des bombes utilisées au cours de la dernière guerre mondiale (environ 3 mégatonnes), cette fois il est facile de les compter, il n'y en a que 20.

Regardons ces quatre pages et essayons d'imaginer la puissance de destruction qu'elles s'efforcent de décrire.

Chaque semaine nous apprenons que, dans telle ville où les clans s'affrontent, une voiture piégée a explosé ; elle contenait 10 kg d'explosif et les dégâts

ENCADRÉ N° 3

REGARDONS EN FACE LA PUISSANCE DES ARMES NUCLÉAIRES

Représentons par un tout petit point la puissance de la bombe qui a détruit Hiroshima

et par un point un peu plus gros l'équivalent de dix fois cette puissance

L'ensemble des bombes utilisées par tous les belligérants au cours de la guerre 1939-1945 est alors représenté par 20 de ces points

Pour détruire totalement l'humanité, il suffirait d'une puissance équivalant à ce que représentent 2 000 de ces points.

Quant au stock d'armes nucléaires actuellement disponible, il équivaut à 100 000 points, il faut quatre pages pour les faire tenir tous. Pour que cette réalité monstrueuse, démente, soit présente devant nos yeux, je n'ai pas cru inutile d'y consacrer les quatre pages suivantes. Le temps qu'aurait nécessité la lecture de ces pages, si elles avaient été normalement écrites, n'est pas de trop pour réfléchir au sens de ces points.

Voici ce qu'est le stock...

... d'armes nucléaires aujourd'hui disponible...

... chaque point équivaut à 10 fois...

... *la puissance qui a détruit Hiroshima.*

sont considérables, les morts et les blessés se comptent par dizaines. Dans le monde d'aujourd'hui chaque homme est, à chaque instant, suivi par une invisible voiture piégée. Le Pygmée chassant dans la forêt, le milliardaire américain se promenant dans sa Cadillac, le Touareg traversant le désert sur son chameau, la reine saluant la foule de son carrosse, l'Indien mendiant devant un hôtel de Calcutta, moi allant faire un cours à la fac, toi allant au lycée, tous, grâce aux armes mises en place par les États du « club nucléaire », nous sommes suivis par un véhicule piégé qui contient 3 000 kg de TNT. L'explosion peut se produire à tout instant.

C'est cela que les hommes du XXe siècle ont réalisé.

Est-il vraiment excessif de présenter l'humanité comme un candidat au suicide dont le cou est déjà engagé dans le nœud coulant ? Y a-t-il des tâches plus urgentes que de transformer cette situation avant qu'il ne soit trop tard ?

L'hiver nucléaire

Mais la folie humaine actuelle devient plus évidente encore lorsqu'on constate qu'une très faible fraction, moins de 2 %, de ce potentiel de destruction suffirait à faire disparaître la quasi-totalité des espèces évoluées.

Le possible suicide nucléaire

Il nous faut ici réfléchir à ce que signifierait réellement l'usage de ces armes.

Chacun a vu les images représentant Hiroshima après « la bombe ». Or celle-ci n'avait qu'une puissance de 15 kilotonnes, la moindre charge nucléaire emportée par les fusées lancées depuis les sous-marins (et chaque fusée comporte plusieurs charges), dépasse 100 kilotonnes. Cette charge suffit à détruire totalement une ville de quelques centaines de milliers d'habitants. Les villes actuelles constituent pour les incendies une proie beaucoup plus riche que ne l'étaient les villes japonaises, il y a un demi-siècle. Celles-ci comportaient surtout des maisons de bois, alors que les agglomérations d'aujourd'hui regorgent de matières plastiques, de fioul, de matériaux de toute espèce qui produiront en brûlant d'immenses quantités de gaz, de suies, de poussières, chargées de particules radioactives. La chaleur dégagée créera un courant ascendant qui entraînera ces gaz et ces poussières à plusieurs milliers de mètres, en un nuage qui errera longtemps autour de la Terre, au gré des vents. Si un millier de cibles sont ainsi atteintes et détruites (ce qui nécessite au total quelques centaines de mégatonnes, alors que le stock total, encore une fois, dépasse 15 000 MT), ces nuages se rejoindront et recouvriront la totalité de l'hémisphère Nord ; la couche sera si opaque que la lumière du soleil en sera voilée.

Plusieurs équipes de scientifiques, notamment des

Le possible suicide nucléaire

spécialistes du climat, ont essayé de préciser les conséquences d'un conflit correspondant à cette hypothèse d'un recours, à vrai dire limité, à l'arme nucléaire. Leurs résultats sont certes imprécis, car aucun événement réel ne peut être utilisé comme référence. Les phénomènes à prendre en compte sont terriblement complexes ; ils résultent d'une multitude d'interactions entre l'atmosphère, la stratosphère, la croûte terrestre et les océans. Il est exclu de faire des prévisions sûres, mais on peut dégager quelques conclusions vraisemblables. D'après les modèles développés par les chercheurs américains et contrôlés par les chercheurs soviétiques, l'explosion d'un millier de bombes, de 100 kilotonnes chacune, sur autant de villes entraînerait, après une ou deux semaines, une réduction de l'intensité lumineuse au vingtième de sa valeur normale ; la température descendrait en dessous de $-20°$; la photosynthèse, qui est à l'origine de toute la chaîne alimentaire, s'arrêterait ; toutes les rivières et les lacs gèleraient ; le régime des vents serait totalement perturbé. Cet « hiver nucléaire » durerait quatre à six mois. Puis le nuage opaque se dissoudrait peu à peu ; mais, la couche d'ozone ayant été en grande partie détruite, les rayons ultra-violets ne seraient plus filtrés et brûleraient les quelques êtres vivants qui auraient survécu.

Même si l'on reste conscient de l'extrême imprécision de ces résultats, l'unanimité peut se faire sur une conclusion : la survie de l'humanité, celle des espèces

Le possible suicide nucléaire

évoluées, et peut-être celle de la totalité des êtres vivants sur notre planète, serait en question. Quelle cause mérite-t-elle vraiment qu'un risque aussi monstrueux soit couru ?

La logique de la menace est-elle encore valable ?

Les hommes, les groupes d'hommes s'affrontent. Pour la possession d'une terre, pour l'affirmation d'une opinion, pour la gloire, pour leur Dieu, ils se défient. L'essentiel de l'histoire de l'humanité, telle que nous l'apprenons à l'école, est constitué de ces oppositions. Chez les animaux, le plus souvent, le défi n'entraîne pas le conflit ; l'un l'emporte et l'autre capitule sans combat, ou après un simulacre de combat qui s'achève sans trop de dommages pour les adversaires. Les hommes, eux, croient nécessaire d'aller au terme de leurs menaces, ils y mettent même leur « point d'honneur ». Chaque nation exalte sa capacité à toujours l'emporter. Étrangement on n'entend guère parler que de victoires, les monuments les plus prestigieux servent à en inscrire la liste. Les gares de chemin de fer elles-mêmes servent à perpétuer leur souvenir, gare d'Austerlitz à Paris, Waterloo Station à Londres. Ce petit jeu infantile et mensonger a pu durer jusqu'au milieu de ce siècle. Le prix à payer

Le possible suicide nucléaire

était devenu difficilement supportable pour les deux adversaires, par exemple à Verdun ou à Stalingrad, mais la logique de la force restait acceptée par tous. « Nous gagnerons parce que nous sommes les plus forts », proclamaient les affiches recouvrant les murs de Paris au début de 1940.

Cette logique n'est plus conforme à la réalité de notre monde. Elle ne l'est plus, tout d'abord, en raison du fait que la possession de l'arme nucléaire supprime la notion de « plus fort ». Si l'un des adversaires peut tuer l'autre quatre fois (par les radiations, par le feu, par la faim, par le froid de l'hiver nucléaire) et l'autre trois fois seulement, aucun des deux n'est le plus fort. Dès que chacun a dépassé le seuil de puissance lui permettant de détruire totalement l'autre, il n'y a plus de hiérarchie entre leurs forces.

Elle ne l'est plus, surtout, en raison de l'effet boomerang des explosions nucléaires. Les populations qui habitent les villes visées sont éliminées instantanément, mais les autres, épargnées lors de l'échange initial, sont, en quelques jours ou en quelques semaines, atteintes par les retombées ou par l'hiver nucléaire. Les possesseurs de cette arme sont ainsi dans la position d'un adepte de l'autodéfense qui s'est muni d'un fusil pour écarter les voleurs, et qui constate que ce fusil envoie simultanément une balle sur la cible, et une balle sur le tireur. Impossible de détruire l'autre sans se détruire soi-même.

Le possible suicide nucléaire

Ce sont tous les raisonnements à propos de la dissuasion mutuelle qui se trouvent annulés. Pour faire peur à l'autre, il faut le persuader non pas que l'on est plus fort que lui mais que l'on est capable de le haïr à un point tel que, pour le tuer, on est prêt à se suicider. On a longtemps parlé d'« équilibre de la terreur », il faut constater qu'aujourd'hui ce qui est en équilibre est l'ensemble des capacités de chacun à faire croire aux autres qu'il est assez fou pour déclencher le suicide général. Mais est-ce vraiment un équilibre ?

Équilibre et stabilité

Le mot équilibre est rassurant, il évoque la durée, la tranquillité, la sérénité. Mais il existe deux sortes d'équilibres : les équilibres stables, celui de la bille au fond de la cuvette, et les équilibres instables, celui du funambule sur son fil. Avant d'être rassuré par l'existence d'un équilibre, il est prudent de vérifier qu'il appartient à la catégorie des équilibres stables.

Tel n'est évidemment pas le cas de l'« équilibre de la terreur » ; il est instable, et l'a toujours été. Depuis qu'il est recherché, il ne se passe pas d'année sans que chaque protagoniste n'ajoute quelques mégatonnes dans son plateau de la balance, de peur de se

Le possible suicide nucléaire

retrouver en état d'infériorité. Ce qui se passe aujourd'hui (j'écris ceci au printemps 1986) illustre ce mécanisme diabolique qui accélère la course à la mort collective.

Les Américains, inquiets des destructions que pourrait réaliser chez eux une première salve de fusées soviétiques, ont commencé les recherches en vue de mettre en place l'équivalent d'un bouclier au-dessus de leur territoire. Quelques centaines de satellites tournant autour de la Terre surveilleraient les bases de lancement de l'adversaire, détecteraient les tirs constituant une menace et détruiraient les fusées avant qu'elles n'atteignent leur objectif. La difficulté vient de ce que, entre la mise à feu de la fusée porteuse et l'arrivée de la charge nucléaire sur la cible, il ne s'écoule qu'une demi-heure (et même moins pour les fusées lancées depuis des sous-marins capables de s'approcher des côtes du territoire adverse).

Il faut qu'au cours de ces trente minutes, le dispositif de défense ait pu prendre la décision, en fonction de l'ensemble des informations reçues, de détruire toutes les fusées menaçantes, et qu'il ait dirigé contre elles des faisceaux laser puissants ou des projectiles, dotés eux-mêmes éventuellement d'armes nucléaires. De façon imagée, certains journalistes ont présenté cet « événement » comme une « guerre des étoiles » ; ces mots renvoient nos imaginations à des films de science-fiction qui nous ont fascinés. L'ex-

Le possible suicide nucléaire

pression est particulièrement trompeuse, car les étoiles sont lointaines alors que ces échanges de coups auront lieu tout près de nous, dans l'espace, certes, mais dans un espace proprement terrien.

Officiellement, l'ensemble des recherches et des réalisations nécessaires a reçu le nom d'*Initiative de défense stratégique,* IDS. Les difficultés rencontrées par le projet IDS sont considérables. La plupart des technologies nécessaires en sont encore au stade des essais préliminaires en laboratoire ; ainsi, les expériences réalisées par la navette *Discovery* en 1985 concernaient un laser d'une puissance de 4 watts, alors que les satellites tueurs de fusées auront besoin d'une puissance plusieurs millions de fois supérieure. Mais surtout la mise en œuvre de cette énorme machine qui, en permanence, enserrera la planète dans les mailles de son réseau, nécessitera des calculs si nombreux et si rapides que les ordinateurs actuels sont totalement incapables de répondre aux besoins. Les superordinateurs nécessaires, lorsqu'ils auront pu être mis au point, résoudront les problèmes posés par l'IDS grâce à des programmes (les logiciels) comportant plusieurs dizaines de millions d'instructions, la moindre erreur pouvant être fatale. Pour déceler et corriger de telles erreurs, il est nécessaire de faire fonctionner un programme en multipliant les cas de figure ; mais celui de l'IDS ne pourra être ainsi testé puisque, par définition, il ne servira qu'une fois (ou, peut-on l'espérer, jamais).

Le possible suicide nucléaire

Ce projet comporte de tels risques que, parmi les scientifiques américains spécialistes des disciplines concernées, nombreux sont ceux qui contestent sa faisabilité et surtout son opportunité. Par milliers, des savants prestigieux signent l'engagement de ne pas participer à cette entreprise qu'ils estiment démente. Ils ne sont pas moins que leurs concitoyens désireux de protéger leur pays ; mais ils ont conscience que l'IDS est une voie qui aboutira à son anéantissement. Ils sont également inquiets du recul imposé par ce projet à la coopération scientifique internationale, coopération qui est un des moteurs du progrès et pourrait jouer un grand rôle pour améliorer la compréhension entre les peuples.

Malgré ces réticences, les crédits sont distribués, de multiples sociétés recrutent de jeunes chercheurs, et la course à la mort collective s'accélère.

Le pas que l'humanité s'apprête ainsi à franchir est peut-être, hélas, décisif, moins du fait de l'accroissement effroyable des moyens de destruction qui va être réalisé dans les années qui viennent, que du fait de la délégation à une machine de la décision fatale.

Le grand argument des partisans des armes nucléaires est que l'énormité de l'enjeu apporte finalement la garantie que ces armes ne seront pas utilisées. C'est, disent-ils, en les accumulant que l'on préserve la paix, car aucun responsable ne sera jamais assez dément pour les utiliser ; ces arsenaux permettent aux hommes politiques de « gesticuler » et de régler un à un

Le possible suicide nucléaire

leurs problèmes, mais aucun, jamais, ne passera à l'acte. C'est la menace même d'une guerre apocalyptique qui permet de résoudre les conflits sans recours à la violence. Ce beau raisonnement n'était déjà guère crédible dans le passé : un chef d'État acculé à la défaite totale, comme l'a été Hitler dans son bunker de Berlin en avril 1945, ne serait-il pas tenté d'entraîner l'humanité entière dans sa propre ruine ?

Avec l'avènement de l'IDS, cette argumentation perd toute valeur : aucun homme ne sera plus chargé de peser les avantages et les inconvénients du geste final avant de l'accomplir ; le contact électrique ultime déclenchant l'apocalypse ne sera même pas l'équivalent d'une décision ; il sera l'aboutissement du déroulement automatique d'une séquence d'opérations logiques élémentaires, semblables au classique « if... go to » des ordinateurs de poche. Si un cas de figure a mal été prévu, si une combinaison d'informations est confondue avec une autre, si une virgule quelque part est mal placée, l'impulsion électrique décisive sera envoyée dans le circuit terminal et l'humanité sera éliminée (ou, pour reprendre l'expression américaine, « oblitérée ») comme l'a été la petite île du Pacifique où a eu lieu le premier essai de « bombe H », et nous disparaîtrons sans que, apparemment, personne ne l'ait décidé.

En réalité, cette décision, c'est maintenant que les hommes la prennent, en accordant un pareil pouvoir à une machine inconsciente. L'acte décisif, le candidat

Le possible suicide nucléaire

au suicide par pendaison ne l'accomplit pas au moment où il repousse le tabouret sous ses pieds, mais lorsqu'il achète la corde. La décision de supprimer l'humanité, c'est aujourd'hui que les États du « club nucléaire » la prennent en acceptant d'accumuler les armes qui rendent l'événement possible. A cause d'eux, selon la déclaration solennelle faite en janvier 1985 par les dirigeants de l'Inde, de l'Argentine, de la Grèce, du Mexique, de la Suède et de la Tanzanie, *« l'humanité entière est enfermée dans la cellule des condamnés à mort, attendant le moment incertain de l'exécution »*.

Lors des grandes cérémonies patriotiques, la foule applaudit les troupes qui défilent ; ce sont elles, en effet, qui défendraient le pays en cas d'agression. Du même élan, elle applaudit le passage des fusées et des avions porteurs de bombes nucléaires, ainsi que les discours évoquant les sous-marins tapis au loin dans les océans. Elle applaudit ainsi à son propre holocauste, car ces armes ne sont pas un moyen de défense, mais un outil de suicide : leur utilisation ferait certainement très mal à l'adversaire, ou même le détruirait, mais elle entraînerait simultanément la destruction du pays qui y aurait recours. Il faut le répéter, une arme nucléaire est réellement « tous azimuts » ; sa cible n'est pas telle ou telle ville, elle n'est ni Moscou, ni New York, ni Paris ; sa cible est l'ensemble de l'humanité.

Le possible suicide nucléaire

Les armes tuent avant même de servir

La dynamique actuelle du surarmement prépare des lendemains apocalyptiques, mais elle aboutit déjà, aujourd'hui même, à des catastrophes humaines inadmissibles, car évitables.

D'après l'Organisation des Nations unies (ONU), deux fois plus d'hommes consacrent actuellement leur intelligence et leur énergie à produire des armes, à s'entraîner à leur emploi, à surveiller l'ennemi potentiel, qu'à enseigner et à soigner. Sur l'ensemble de la planète, le nombre des militaires et des ouvriers ou ingénieurs travaillant dans les industries d'armement est deux fois plus élevé que le nombre cumulé des infirmières, des médecins, des instituteurs, des professeurs. Les ressources humaines sont mises en priorité au service de la destruction.

Simultanément nous voyons sur nos murs des affiches montrant un petit Africain aux côtes saillantes, « Donnez 10 F, pour lui c'est plusieurs jours de nourriture », ou un enfant aux yeux angoissés, dans les bras de sa mère, « Donnez 100 F et il pourra guérir de la lèpre. » Nous l'avons vu au chapitre II à propos des caractéristiques démographiques, la plus grande partie des hommes subissent encore la maladie et la

Le possible suicide nucléaire

mort dans les mêmes conditions que les subissaient les Européens il y a quelques siècles. Est-il acceptable d'en être amenés à faire appel à la charité publique pour leur venir en aide, de façon si partielle, si insuffisante qu'elle est souvent dérisoire ?

L'ordre de grandeur des dépenses consacrées par l'ensemble des États à leur armement est actuellement (1986) de 1 000 milliards de dollars par an, soit 7 000 milliards de francs, plus de 1 000 F en moyenne pour chacun des hommes.

1 000 F, c'est plus de la moitié du revenu annuel moyen d'un Chinois, d'un Indien, d'un Pakistanais, d'un Malien, d'un Éthiopien, d'un Haïtien...

Plus de 2 milliards d'hommes vivent dans des pays où le revenu moyen par habitant est inférieur à 2 000 F par an. Les dépenses consacrées aux activités militaires partout sur la Terre, y compris d'ailleurs par ces pays misérables, sont équivalentes à la totalité des ressources dont ces deux milliards d'hommes disposent. C'est donc l'organisation actuelle de la planète qui est directement responsable de la mort de tant d'enfants, faute de nourriture et de soins.

Bien sûr, si par miracle toute tentation d'un recours à la guerre était soudain écartée par tous les pays, les soldats ne seraient pas transformés instantanément en infirmiers, ni les spécialistes des fusées en instituteurs. Il est dangereux de raisonner uniquement en valeur monétaire. Il est plus réaliste de tenir compte des diverses ressources disponibles pour subvenir aux

Le possible suicide nucléaire

besoins des hommes et de chercher à préciser comment, de fait, elles sont utilisées. Or les ressources les plus rares sont détournées vers la préparation du conflit futur.

Ce détournement est particulièrement évident dans le cas du domaine du secteur militaire, de plus en plus important, qu'est la préparation d'un conflit nucléaire. Ce sont les technologies de pointe qui sont en cause ; c'est donc la plus précieuse des ressources qui est utilisée : l'intelligence humaine. Peu à peu, de nombreux laboratoires voient leurs axes de recherche détournés vers des objectifs militaires ; peu à peu, les crédits octroyés aux organismes de recherche par les administrations militaires l'emportent sur ceux qu'ils obtiennent des ministères civils.

Le résultat est une trahison de la finalité scientifique. Le moteur initial de la recherche est une soif de compréhension et de libération. Il s'agit de connaître l'univers qui nous entoure, et d'utiliser cette connaissance pour améliorer le sort des hommes, pour dire non aux forces naturelles lorsqu'elles ont pour effet de nous détruire. Son plus beau succès, la science l'obtient lorsqu'un enfant va mourir et que nous savons le sauver. La préparation du conflit nucléaire consiste tout au contraire à domestiquer les forces naturelles pour massacrer des hommes. Ce détournement empoisonne toute l'activité de la recherche ; de proche en proche, tous les secteurs sont touchés ; même les recherches apparemment les plus neutres tombent dans le domaine « classifié défense » ; ainsi les théorèmes sur les nombres premiers deviennent des secrets militaires, car ils peuvent être utilisés pour bâtir des codes confidentiels utilisés lors du transfert d'informations aux fusées porteuses de mort.

A qui la faute ? Je crois (mais c'est là une position toute personnelle) qu'il faut s'interdire de désigner un camp. Selon nos opinions politiques nous sommes tentés d'attribuer à certains États la responsabilité essentielle, les autres se contentant de réagir pour se protéger. Il est préférable de raisonner en « Terriens » et de regarder l'ensemble des hommes comme victimes d'une énorme machine de destruction qu'ils ont eux-mêmes construite, qui leur a échappé, et qui se développe sans mesure comme un cancer.

Avant la phase terminale il nous faut réagir.

Comment échapper à la catastrophe nucléaire ?

Certainement pas en abandonnant les hommes à leur folie et en se réfugiant sur une île déserte. Si lointaine soit-elle, elle sera la proie, comme le reste de la planète, de l'hiver nucléaire. Que nous le voulions ou non, nous sommes solidaires, nous sommes embarqués dans le même vaisseau. Nous y avons entassé des barils de poudre en telle quantité que nous

Le possible suicide nucléaire

pouvons le faire exploser plusieurs fois ; et nous nous défions, d'un bord à l'autre, en faisant mine d'appuyer sur le détonateur.

Alors que faire ?

Avant tout être conscient et faire partager cette prise de conscience ; regarder en face la réalité ; ne pas nous laisser berner par les discours des hommes politiques justifiant, au nom de la puissance du pays et de son indépendance, des décisions qui accentuent le surarmement et nous rapprochent irrésistiblement de l'explosion finale. Comment oser s'enorgueillir de la puissance, quand son usage implique le suicide ; comment prétendre à l'indépendance, alors que tous les peuples, tous les États, sont désormais interdépendants ?

Nous employons et, ce qui est plus grave, bien des chefs d'États emploient, des mots qui n'ont plus de sens. Einstein l'a fait remarquer dès 1946, la maîtrise de la puissance nucléaire a tout changé, sauf, malheureusement, nos façons de raisonner. Nommé président du *Comité d'urgence des savants atomistes,* il a insisté sur la nécessité d'une « nouvelle façon de penser ».

C'est pourquoi il proposait, pour échapper à l'engrenage fatal, *d'opposer, à la réaction en chaîne des neutrons, la réaction en chaîne de la lucidité.* Les derniers mois de sa vie ont été consacrés à cette tâche. Pour déclencher cette réaction, il a tenté de sensibiliser les scientifiques. Il signa et proposa à d'autres de

Le possible suicide nucléaire

signer un manifeste dont le philosophe et mathématicien anglais Bertrand Russell avait pris l'initiative : « Va-t-on condamner l'espèce humaine, ou l'humanité va-t-elle renoncer à la guerre ? » Mais bien peu d'intellectuels acceptèrent de participer à cet appel.

C'était en 1955. Quelle ne serait pas aujourd'hui l'angoisse d'Albert Einstein ! La puissance de destruction a été multipliée dans des proportions démentielles, et surtout l'inconscience de ceux qui ont la charge de diriger les États fait d'eux, non plus des démocrates ou des autocrates, mais des thanatocrates [1], non plus des serviteurs de leur peuple ou de leur propre carrière, mais des serviteurs de la mort.

Il faut, de toute urgence, provoquer enfin la réaction en chaîne de la lucidité en faisant du péril nucléaire l'obsession de tous.

IL EST TEMPS DE CHANGER D'ATTITUDE. DES SCIENTIFIQUES DE TOUTES NATIONALITÉS, DE TOUS BORDS, LANCENT LE MÊME CRI D'ALARME, CITONS QUELQUES-UNS D'ENTRE EUX :

— DONALD KENNEDY, PRÉSIDENT DE STANFORD UNIVERSITY (CALIFORNIE) : « UN CONFLIT NUCLÉAIRE PRODUIRAIT LA PLUS GRANDE RUPTURE PHYSIQUE ET BIOLOGIQUE QUE NOTRE PLANÈTE AIT CONNUE EN 65 MILLIONS D'ANNÉES. »

— HUBERT REEVES, ASTRONOME, DIRECTEUR DE

---

1. Le mot est du philosophe Michel Serres.

Le possible suicide nucléaire

RECHERCHE AU CENTRE D'ÉTUDES NUCLÉAIRES DE SACLAY : « L'ESPOIR DE SURVIE PASSE PAR UNE PRISE DE CONSCIENCE DE L'EXTRÊME GRAVITÉ DE LA SITUATION PRÉSENTE... CE CYCLE INFERNAL DE L'ESCALADE SERA ROMPU LORSQUE SUFFISAMMENT DE PERSONNES AURONT MANIFESTÉ LEUR OPPOSITION " INCONDITIONNELLE ". NOUS NE POUVONS PLUS JOUER À LA GUERRE. »

— IEVGHENI VELIKOV, VICE-PRÉSIDENT DE L'ACADÉMIE DES SCIENCES D'URSS : « TOUT COMME UN CANCÉREUX NE PEUT ESPÉRER VIVRE LONGTEMPS AVEC SON CANCER, L'HUMANITÉ NE PEUT PAS ESPÉRER COEXISTER INDÉFINIMENT AVEC LA BOMBE. SI NOUS N'ÉLIMINONS PAS L'EXCROISSANCE, ELLE NOUS TUERA. »

— JEAN-CLAUDE PECKER, ASTROPHYSICIEN AU COLLÈGE DE FRANCE : « LE GRAND SUICIDE EST POSSIBLE, IL EST INACCEPTABLE. »

Après la victoire de Rome sur Carthage, de nombreux Romains restaient hantés par le souvenir du danger mortel couru par leur République lorsque les armées d'Hannibal dévastaient l'Italie. Pour éviter le retour d'un tel drame, ils appelaient à la vigilance ; le plus acharné était Caton. Quel que soit le sujet de ses harangues, il terminait par la formule devenue célèbre : « *Delenda est Carthago*, Carthage doit être détruite. »

Nous devons tous être hantés par un danger d'une tout autre ampleur, la disparition de tous les hommes. Pour que la conscience de la menace reste présente,

Le possible suicide nucléaire

les hommes politiques, quel que soit le sujet de leur discours, les journalistes, quel que soit le sujet de leur article, les étudiants, quel que soit le sujet de leur dissertation, devraient, à l'exemple de Caton, terminer systématiquement par le rappel de l'exigence la plus urgente : « Il faut empêcher le massacre de l'humanité. »

CHAPITRE V

Vivre ensemble

> *Où l'on s'efforce de regarder en face la réalité d'aujourd'hui
> et d'imaginer un possible demain.*

Avant de chercher à imaginer une organisation de notre vaisseau spatial nous permettant, une fois surmontée l'actuelle crise de folie, d'y survivre et, surtout, d'y développer longuement une aventure heureuse, il faut faire un état des lieux aussi objectif et précis que possible. Les tableaux et les cartes du chapitre II indiquent les effectifs des hommes regroupés, de façon un peu arbitraire, en neuf sous-ensembles. Mais ces hommes, nous l'avons remarqué, sont loin d'avoir tous le même poids lorsqu'il s'agit d'accéder aux richesses disponibles, ou d'intervenir dans les décisions qui orientent le destin des hommes.

Nous devons ici quitter le point de vue du démographe, celui aussi du démocrate, selon qui chaque

Vivre ensemble

homme compte pour un. Nous cherchons à prendre en compte la réalité d'aujourd'hui ; il nous faut donc constater que, en dépit de toutes les déclarations des politiques, les hommes, en fait, ne sont pas égaux. Pour intégrer cette réalité dans nos réflexions, nous adoptons le point de vue de l'économiste, qui s'intéresse non à chaque homme, mais aux biens produits et consommés par les divers groupes d'hommes.

Le concept de valeur

Ces biens sont de natures très diverses ; ils consistent en nourriture, en logement, en chaleur, en musique, en voyages, ..., certains sont fournis spontanément par la nature, d'autres sont produits douloureusement par le travail des hommes. Sur la façon de définir et de mesurer la richesse et l'utilité globales qu'ils représentent, les querelles sont encore vives, et le resteront sans doute toujours. En effet une part considérable d'arbitraire intervient nécessairement. Tout dépend de la définition admise pour la « valeur » des divers « biens ». Certains de ceux-ci sont réputés sans valeur, alors qu'ils sont nécessaires à tous et à tout instant, ainsi l'air que nous respirons ; ils sont en effet (sauf cas exceptionnels) largement disponibles ; comme ils ne sont pas rares, le concept de valeur est,

Vivre ensemble

pour eux, dépourvu de sens. D'autres n'ont aucune utilité, ont été produits sans le moindre travail ou grâce à un travail insignifiant ; ils n'en ont pas moins une valeur considérable ; ainsi un autographe de Napoléon ou un timbre néo-zélandais du XIXe siècle ; l'acharnement de quelques amateurs à les posséder les met « hors de prix ».

Cependant, sans prétendre aboutir à une précision illusoire, on peut s'efforcer d'attribuer à la plupart des biens, utilisés par les hommes pour subvenir à leurs besoins ou pour agrémenter leur vie quotidienne, une valeur relative.

Avant de réfléchir sur ce que représente cette valeur il est important de constater ce qu'elle est : un nombre. Toute valeur est un nombre qui nous permet d'effectuer, à propos d'objets aussi divers que les choux, les appartements ou les œuvres d'art, des opérations arithmétiques, par exemple la recherche d'un ordre, d'une hiérarchie (« qui de A et de B est supérieur à l'autre ? »), ou une addition (« que vaut l'ensemble comportant A et B ? »).

Nous avons appris à l'école qu'il ne faut pas additionner les choux et les carottes ; mais si nous achetons 10 F de choux et 20 F de carottes, nous savons bien que nous avons dépensé 30 F.

Dans le monde qui nous entoure les objets ont des rapports d'interaction ; la soude *et* l'acide sulfurique, l'eau *et* le feu, Roméo *et* Juliette réagissent lorsqu'ils sont en présence ; la complexité des événements

Vivre ensemble

provoqués par cette confrontation est évoquée par le terme de liaison, nécessairement flou, *et*.

Mais nous sommes paresseux ; nous préférons simplifier notre représentation de la réalité et plaquer sur la diversité des phénomènes réels un modèle qui puisse se substituer à eux, sans trop de distorsion, et nous permette d'utiliser, vaille que vaille, nos règles arithmétiques. Le modèle le plus simple est celui de l'addition : quel confort intellectuel lorsque l'interaction mal définissable {A *et* B} (où A et B sont deux objets) est remplacée par l'addition rigoureuse {a + b} (où a et b sont des nombres qui caractérisent ces objets) !

Ce remplacement de *et* par + n'est le plus souvent qu'un camouflage de la réalité ou même un contresens. La phrase si souvent rabâchée « deux et deux font quatre » nous habitue à les commettre sans réagir ; or cette phrase est fausse. La seule phrase correcte est : « deux plus deux égale quatre ». Deux *et* deux peuvent « faire » n'importe quoi, tout dépend de la nature de l'interaction évoquée par ce *et*. Or dans le monde réel cette conjonction correspond à des processus enchevêtrés qui ne peuvent que par exception être décrits au moyen d'une addition.

La *valeur* est la plus répandue de ces exceptions ; il est impossible de comparer, dans l'absolu, le sort d'André qui possède 4 kilos de choux et 5 kilos de carottes à celui de Jules qui en possède respectivement 8 et 2 kilos. Mais, si les valeurs de ces légumes sont représentées par leurs prix au kilo, 8 F pour les choux, 3 F pour les carottes, alors Jules est plus riche qu'André car $8 \times 8 + 2 \times 3 = 70$ est supérieur à $8 \times 4 + 3 \times 5 = 47$.

Nous pouvons ainsi progresser ; toute une discipline scientifique, l'économie, a été développée pour trouver des solutions aux multiples problèmes posés par l'introduction du concept de valeur. Mais ces solutions, lorsqu'elles existent, n'éliminent pas le divorce fondamental : parler de la valeur des choses c'est se condamner à ne pas parler des choses.

Une grande part de la réflexion des économistes est consacrée à expliquer comment des prix sont attribués aux divers biens à chaque instant et en chaque lieu. Contentons-nous ici de voir dans les *valeurs* exprimées par les prix une convention largement admise mais nécessairement arbitraire grâce à laquelle nous pouvons comparer, en un instant et un lieu donnés, les richesses des individus ou des groupes.

Le Produit national brut (PNB)

Plus les biens considérés sont variés, plus les groupes comparés appartiennent à des cultures différentes, et plus les résultats obtenus en valorisant les ressources disponibles sont discutables. Il ne peut être

Vivre ensemble

question d'aboutir à des conclusions péremptoires. Cependant quelques résultats globaux sont significatifs. Tel est le cas pour les statistiques concernant le « Produit national brut (PNB) » publiées par divers organismes liés à l'Organisation des Nations unies (ONU).

Le PNB représente la somme des valeurs ajoutées incorporées dans leurs productions par les divers agents économiques, agriculteurs, entreprises industrielles, administrations, banques, ménages. (On sait que la « valeur ajoutée », sur laquelle est basé le célèbre impôt dit TVA, est obtenue en déduisant de la valeur des biens ou services produits, la valeur des biens ou services utilisés.) Le PNB ne tient pas compte de multiples facteurs fort importants pour l'agrément de notre vie, il ignore par exemple les effets du climat ; il n'est par conséquent en aucune façon une mesure du « bonheur ». Cependant les indications qu'il nous apporte ne sont pas insignifiantes : le citoyen du Koweit, qui, grâce au pétrole, dispose en moyenne d'un revenu de 125 000 F par an, est incontestablement plus riche et jouit probablement d'un « bien-être » supérieur à celui du citoyen du Bangla Desh dont le revenu annuel est de l'ordre de 1 000 F.

Le tableau 5 rappelle les effectifs des neuf groupes d'hommes que nous avons considérés, et indique le PNB total dont ces hommes disposent, ainsi que le PNB moyen par personne. La carte n° 4 illustre les

Vivre ensemble

données de la seconde colonne en utilisant des conventions semblables à celles du chapitre II. Cette fois un cm^2 de la carte ne représente pas 280 millions d'hommes, mais 6 000 milliards de francs.

La comparaison avec la carte n° 2 de la page 69 provoque un choc : ces deux cartes sont totalement dissemblables et pourtant elles représentent l'une et l'autre la réalité d'aujourd'hui : réalité démographique page 69, réalité économique page 146. La péninsule indienne qui tenait tant de place dans la première a presque disparu dans la seconde ; le Japon qui est, sur l'une, insignifiant face à la Chine, l'écrase sur l'autre de sa supériorité. L'Afrique, plus grande que l'Europe sur la carte représentant les hommes, est dix fois plus petite sur la carte représentant les biens disponibles. Les « autres pays d'Asie » semblent assez bien lotis, mais ce n'est qu'une apparence ; pour une part importante (marquée en gris) cette richesse est celle de quelques pays du Moyen-Orient (Arabie Saoudite, Koweit, Qatar, ...) dont la population est très peu importante (moins de 15 millions d'habitants), et qui disposent, provisoirement sans doute, de revenus pétroliers considérables. Pour la plupart des autres nations de ce groupe le revenu par habitant n'est guère supérieur à celui de l'Afrique.

Au-delà de la première surprise, vite transformée en une simple curiosité, en un intérêt purement intellectuel, essayons d'avoir assez d'imagination pour prendre la mesure de la réalité qu'essaient de

Vivre ensemble

décrire ce tableau de chiffres et cette carte. Nous voyons parfois dans les revues ou sur les écrans un enfant africain aux côtes saillantes et au ventre ballonné ; nous sommes émus par son regard ; nous y voyons une accusation ; cet enfant sans doute va mourir, nous ne pouvons le supporter ; ce n'est pas fatal, c'est donc inadmissible.

Lorsque nous voyons une immense foule indienne, notre émotion est déjà moins vive. Pourtant, parmi ces milliers de femmes et d'hommes* misérables, combien sont condamnés par les privations à mourir avant l'heure ! Mais aucun d'eux ne nous regarde face à face ; notre révolte devant le sort réservé à tant d'hommes s'émousse ; la réalité de tant de souffrances évitables se transforme en l'abstraction d'une statistique. Regardons-les, ces statistiques, elles ne sont pas par elles-mêmes mensongères, mais ne nous en servons pas pour occulter les faits. Les chiffres du tableau n° 5 sont un reflet de la réalité quotidienne des hommes ; et pour beaucoup d'entre eux, cette réalité, c'est la misère et la faim.

La faim

Avoir faim, quelle agréable sensation quand il ne s'agit que d'appétit, et que le repas est proche. Mais

Vivre ensemble

5. Les revenus des hommes aujourd'hui

	Effectif (en millions d'hommes)	Produit national brut (en milliards de F)	PNB par habitants (en milliers de F/an)
Chine	1 063	2 130	2,0
Japon	120	8 480	70,7
Pénisule indienne	964	1 730	1,8
Autres pays d'Asie et Océanie	702	7 230	10,3
Europe sauf URSS	492	28 240	57,4
URSS	278	12 340	44,4
Afrique	553	2 870	5,2
Amérique du Nord	264	25 660	97,2
Amérique latine	406	5 360	13,2
Total	4 842	94 040	19,4

lorsque la nourriture manque durablement, la faim devient un tiraillement insupportable, une obsession qui envahit tout le champ de la pensée. Certains Français se souviennent des jours sombres de 1940-1944 où ils ne pouvaient manger à leur faim ; à vrai dire la plupart d'entre eux ont pu se « débrouiller » et le nombre de ceux qui ont véritablement manqué de nourriture a été limité. C'était la guerre ; aujourd'hui

Vivre ensemble

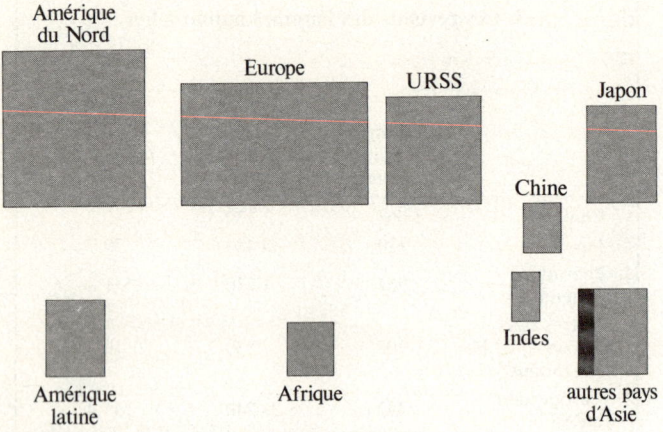

Carte nº 4. (La richesse des hommes aujourd'hui.)
(1cm^2 = 6 000 milliards de francs)

c'est théoriquement la paix, mais un homme sur 5, au moins, souffre de sous-alimentation.

Et cependant les quantités de nourriture disponibles sur la planète sont parfaitement suffisantes. Dans de nombreuses régions on se lamente même devant les montagnes de beurre invendables et les silos engorgés de céréales. L'annonce d'une bonne récolte y prend l'allure d'une catastrophe. En fait le problème est beaucoup moins celui de la production que celui de la répartition.

Regroupons, dans le tableau de la page 145, les pays que l'on dit « développés » (Japon, Europe, URSS,

Vivre ensemble

Amérique du Nord) ; ils représentent moins du quart de la population mondiale, mais leur richesse, telle du moins que la mesure le PNB, atteint 80 % du total. Cette disproportion ne concerne pas que les biens produits par l'industrie, ou tous ceux qui contribuent au confort et au luxe ; elle est également considérable pour la nourriture ; les gros mangeurs que sont les 25 % d'hommes dits « développés » consomment 40 % de l'ensemble des protéines disponibles ; cette proportion atteint 60 % pour les protéines animales.

Or pour obtenir ces protéines animales, que nous apprécions particulièrement, il faut consentir un véritable gâchis tant le rendement de l'élevage des troupeaux est faible ; pour obtenir 1 unité de protéine sous forme de viande de bœuf, il faut dépenser 8 unités de protéines végétales. Plus de la moitié des céréales produites sont utilisées pour obtenir, au prix de ce faible rendement, des protéines animales. Il n'est pas excessif d'affirmer que la nourriture donnée aux porcs de nos élevages industriels est soustraite aux enfants des pays pauvres.

Gardons-nous cependant de désigner trop rapidement quelques méchants affameurs responsables de tout le mal et de penser que quelques décisions aboutissant à une meilleure répartition suffiraient à résoudre le problème.

En fait d'importants efforts ont été accomplis, surtout depuis la dernière guerre mondiale, souvent avec succès, pour accroître la nourriture disponible

Vivre ensemble

sur notre planète. Les plus spectaculaires ont concerné les céréales dont les rendements ont été accrus dans de telles proportions que l'on a présenté ce changement comme une révolution : la « révolution verte ». En quelques décennies la production par hectare a été multipliée par 5, 6, ou plus, grâce à la mise au point d'espèces hybrides adaptées à de multiples environnements. Dans un premier temps la satisfaction a été unanime : la menace de la faim s'éloignait.

Cependant des accents beaucoup moins triomphants se font aujourd'hui entendre. Les semences de ces espèces hybrides sont fournies par des centres spécialisés à un coût élevé ; l'obtention de hauts rendements nécessite un apport important d'engrais ; les façons culturales impliquent l'emploi d'un matériel coûteux. Les paysans traditionnels, disposant d'une faible surface, ne peuvent faire face à de telles charges ; leurs champs sont repris par de grands propriétaires ; ceux-ci sont en mesure d'accroître, grâce à de nouvelles machines, la productivité du travail. Peu à peu la plupart des familles paysannes sont réduites au chômage, abandonnent leurs villages et se retrouvent plongées dans la misère des bidonvilles qui prolifèrent autour des grandes agglomérations. Simultanément, le désir de rentabiliser les investissements tend à instaurer une monoculture ; on compte sur les excédents exportés pour se procurer à l'étranger les produits dont la culture a été abandonnée.

Vivre ensemble

Un pays qui produisait l'essentiel de ses besoins alimentaires devient ainsi dépendant du commerce international, à la merci de retournements de tendance ou de variations de cours, sur lesquels il n'a guère de prise. Tel est le cas aujourd'hui, parmi de nombreux exemples, du Brésil qui consacre à la culture du soja, exporté vers l'Europe, des terres qui nourrissaient autrefois les Brésiliens.

L'aboutissement d'efforts qui visaient à améliorer le bien-être est finalement un peu plus de misère, beaucoup moins de dignité.

Nous retrouvons ici le même processus que celui décrit au chapitre précédent : nous en sommes arrivés en matière d'armes nucléaires à un point tel que tout progrès scientifique ou technique est détourné de son objectif, vient enrichir le potentiel de mort et accroît le risque de destruction de l'humanité. Tout se passe comme si les hommes étaient ensorcelés par quelque maléfice : des peuples (les exemples sont nombreux) arrivent à se débarrasser, au prix d'immenses sacrifices, d'une dictature sanguinaire, mais ils retombent presque aussitôt sous un joug plus lourd encore ; des scientifiques mettent au point des moyens nouveaux permettant de faire reculer la faim, mais ils provoquent finalement un accroissement de la misère. Tous les efforts, même les plus généreux, se retournent en fin de course contre les hommes. Sommes-nous réellement la proie d'un sortilège ?

Vivre ensemble

Le chômage

Le problème du chômage est un exemple, à peine moins dramatique que celui de la faim, de l'absurdité de la situation actuelle. Les mots eux-mêmes participent à la diffusion d'une vision irréaliste. Ainsi le mot « travail ».

La Bible présente le travail comme une malédiction : « Tu te nourriras à la sueur de ton front. » L'étymologie du mot travail serait, selon certains auteurs, le latin « tripalium » évoquant un tabouret à trois pieds sur lequel on mettait l'individu que l'on devait torturer. Toutes les connotations du travail renvoient à la peine, à la fatigue, à l'épreuve.

Il se trouve que les progrès techniques, surtout depuis quelques décennies, ont permis de diminuer, dans des proportions autrefois inimaginables, la quantité de travail nécessitée par la production d'un bien. Pour faucher un hectare de blé, lier les gerbes, les transporter à la ferme, battre le grain, il fallait, il y a un siècle, plusieurs centaines d'heures de travail ; un homme conduisant une moissonneuse-batteuse réalise aujourd'hui toutes ces opérations en moins d'une heure. Qui ne se réjouirait de cette victoire sur l'antique malédiction !

Vivre ensemble

Des progrès particulièrement rapides, permettant de réduire la peine des hommes, ont été obtenus dans l'élan de reconstruction et de rénovation qui a suivi la victoire de 1945 sur le nazisme. Le mot « productivité » est apparu dans tous les discours. Les experts pensaient qu'après une première phase d'amélioration spectaculaire de cette productivité, les gains obtenus seraient de plus en plus lents. Ces prédictions ont été déjouées par la percée inattendue réalisée par les technologies électroniques, grâce aux « puces » aujourd'hui célèbres, il n'est guère de domaines où les machines ne puissent effectuer avec précision et rapidité une part importante des tâches autrefois assurées par des hommes. Les robots peu à peu nous remplacent. La réaction devant ce succès devrait être une satisfaction générale.

En fait les structures de nos sociétés sont telles que ce succès constitue pour beaucoup d'hommes une véritable catastrophe : dans la plupart des pays occidentaux, pas loin de 10 % des personnes en âge de participer à la production ne trouvent pas d'emploi. Certes des allocations, accordées plus ou moins chichement selon les régimes politiques et dans des conditions parfois humiliantes, leur permettent de survivre, mais le message que ces « chômeurs » reçoivent de la société est clair : « Personne n'a besoin de vous ; vous êtes de trop ; vous représentez une charge. » Et lorsqu'ils sont étrangers, ils sont menacés d'être renvoyés dans leur pays d'origine.

Vivre ensemble

Lutter contre la plaie qu'est le chômage est l'objectif de tous les gouvernements. Leurs actes découlent de raisonnements apparemment logiques, rigoureusement opposés, et qui sont tous, l'expérience le prouve, totalement inefficaces. Pour les uns, dits « de gauche », il faut relancer la consommation en accroissant les salaires et les prestations sociales ; les besoins nouveaux à satisfaire nécessiteront la production d'une plus grande quantité de biens, ce qui créera des emplois. En fait les entrepreneurs estiment que les charges liées aux salaires, imposées par ces régimes sociaux, sont excessives, qu'elles les mènent à la ruine : ils prennent toutes les mesures possibles pour éviter de recourir à une main-d'œuvre supplémentaire, et le chômage s'accroît.

Pour les autres, dits « de droite », la seule solution consiste à augmenter la richesse des entrepreneurs ; si l'on permet à ceux-ci de payer des salaires moins élevés, si on les soumet à des taxes réduites, ils auront des marges de bénéfice plus grandes, investiront et créeront des emplois. En fait, tout naturellement, ces bénéfices sont utilisés pour des investissements qui améliorent la productivité et diminuent les besoins de main-d'œuvre. Le chômage s'accroît.

A défaut d'invoquer un mystérieux maléfice condamnant, dans ce domaine également, les raisonnements et les efforts des hommes à se retourner contre eux, la tentation est grande de chercher le méchant, embusqué quelque part dans la société et

Vivre ensemble

qui s'emploierait à détraquer la machine économique. Selon ses opinions, chacun désigne du doigt le démon responsable : la caste des patrons exploiteurs et insatiables, la clique des syndicats aveugles et irresponsables, la maffia des multinationales sournoises et tentaculaires.

Plutôt que de se satisfaire d'accusations qui ne peuvent apporter qu'une parcelle d'explication, il me paraît préférable de reprendre l'enquête à zéro en s'efforçant à plus de lucidité ; or cet effort nous montre que nos raisonnements pèchent de ne pas tenir compte du changement, récent mais décisif, qui a bouleversé notre environnement.

La planète d'hier et celle d'aujourd'hui

Les hommes ont peu à peu, l'expérience aidant, adopté des règles de vie leur permettant de faire face le mieux possible aux diverses circonstances. Chaque peuple s'est constitué un trésor de sagesse, souvent exprimé grâce à une collection impressionnante de proverbes transmis soigneusement de génération en génération. Les prendre pour règle de conduite dispense de réfléchir et ce confort intellectuel est apprécié par toutes les catégories sociales. Chaque individu, chaque clan, chaque nation sait ainsi à peu près

Vivre ensemble

ce qu'il doit faire ou éviter de faire, et dispose de formules toutes faites pour se justifier.

Le malheur est que toutes ces règles ont été élaborées pour un monde qui n'est plus le nôtre.

Le nombre des hommes vient, nous l'avons vu, de s'accroître brutalement. Notre planète simultanément s'est rétrécie sous nos pieds. Non, certes, si on la mesure en kilomètres ; sa circonférence en comporte toujours environ 40 000. Ce qui importe cependant, ce n'est pas la longueur du chemin, mais le temps mis à le parcourir ; or ce temps vient, en moins d'un siècle, et pour la première fois dans l'histoire de l'homme, d'être divisé par dix ou par vingt, ramené à une durée infime. L'avion Concorde relie l'Europe à l'Amérique en moins de quatre heures, pour le paquebot *Normandie* il fallait cinq jours. Quant aux informations, elles sont transmises à la vitesse de la lumière, pratiquement sans délai. En permanence des satellites dotés de caméras d'une précision fabuleuse tournent autour de la Terre et envoient des photos de tous les événements qui surviennent sur la planète. Rien ne se passe qui ne puisse être su instantanément par tous.

Ces changements ont bouleversé, sans que nous en ayons pleine conscience, nos liens avec les autres hommes. Au paléolithique, chaque homme devait tenir compte, dans les décisions qu'il avait à prendre chaque jour, de l'existence de quelques dizaines ou de quelques centaines de congénères. Avec l'invention

Vivre ensemble

de l'agriculture les groupes autonomes sont devenus nécessairement plus étendus, car les tâches à réaliser étaient nombreuses et ont fait progressivement appel à des compétences diverses. Chaque individu était incorporé dans un ensemble de plusieurs milliers de personnes avec lesquelles il entretenait des liens de dépendance. Peu à peu les structures se sont complexifiées, elles ont abouti à des États de quelques millions ou quelques dizaines de millions d'hommes ; ceux-ci étaient tous étroitement insérés dans une collectivité où chacun jouait son rôle, prince, soldat, paysan, marchand...

Ces États ont pu, jusque récemment, prétendre à une certaine indépendance. Le roi de France prenait ses décisions sans consulter l'empereur d'Annam et réciproquement. Ce qui se passait quelque part n'avait de conséquences que dans un rayon limité. Les États en contact dépensaient bien une part de leur énergie à déplacer les frontières qui les séparaient, cependant les répercussions de ces combats, coûteux en hommes et en ressources matérielles mais finalement dérisoires, ne dépassaient guère chaque continent. Que Napoléon soit vainqueur à Austerlitz et vaincu à Waterloo n'avait pratiquement aucune conséquence pour les Chinois ou les Patagons.

Cela n'est plus vrai ; l'évolution démographique et les bouleversements technologiques ont abouti à une planète où désormais tous les hommes sont interdépendants. Le groupe dont nous faisons partie n'est

Vivre ensemble

plus une bande de chasseurs, un village de cultivateurs, une ethnie, une nation, ou une coalition d'États provisoirement alliés ; il est l'ensemble des Terriens.

Les erreurs faites par quelques-uns ici ont des conséquences ressenties par des millions d'autres là. Nous l'avons constaté au printemps 86 ; un accident grave dans une centrale nucléaire quelque part au nord de l'Ukraine a concerné une immense population sans considération de frontières. L'évidence la plus éclatante de ce lien entre les hommes, entre tous les hommes, concerne hélas le danger du suicide collectif : une poignée de détenteurs de la puissance peut faire disparaître l'humanité. Tous les projets, les désirs, les émotions, les élans vers le bonheur de milliards d'hommes ne pèseront rien si quelque thanatocrate décide de faire passer la victoire de son camp, ou l'essor de son idéologie, avant la survie de l'humanité.

C'est pourquoi la première urgence est de faire disparaître cette possibilité. Mais une fois la folie suicidaire éliminée, tout ne sera pas résolu.

Il nous faut en effet prendre la mesure de cette réalité toute nouvelle : nous sommes solidaires. Non pas solidaires par suite d'un choix moral, lié au respect des autres, mais solidaires, que nous le voulions ou non, en raison de notre nombre et de nos moyens d'action ; solidaires non pas comme les braves petits scouts dans leur meute, mais comme les

Vivre ensemble

pièces d'une vaste machine, comme les cosmonautes embarqués dans un vaisseau spatial.

Or les réflexes de tous les décideurs restent dictés par de vieilles recettes valables à l'époque où cette solidarité n'existait pas ou ne concernait que quelques groupes d'hommes fort limités. Un exemple patent d'une telle erreur est le comportement du responsable suprême de l'URSS lors de sa victoire sur l'Allemagne en 1945. Comme l'auraient fait tous les tsars de Russie qui l'ont précédé, il a profité de l'occasion pour déplacer sa frontière vers l'ouest et pour entourer son pays d'États étroitement contrôlés, qui forment comme un bouclier. Tous les raisonnements basés sur l'expérience du passé justifiaient une telle attitude. En fait elle a eu des conséquences opposées au but poursuivi. L'URSS serait aujourd'hui plus riche et plus prospère si elle n'avait à supporter la charge des économies, pour la plupart gérées selon des méthodes fort peu efficaces, de ses satellites ; et surtout l'idéologie dont elle est porteuse serait autrement attrayante et rayonnante si elle n'avait été utilisée avec cynisme à des fins purement hégémoniques.

Dans le camp d'en face, l'exploitation éhontée des « Républiques bananières » d'Amérique centrale livrées à des dictatures sanglantes a certes rapporté de beaux bénéfices à quelques puissantes compagnies nord-américaines ; mais elle a aussi profondément terni l'image des États-Unis qui aiment tant se présenter comme les défenseurs de la liberté. La société américaine est une prodigieuse machine-à-fabriquer-de-la-richesse ; mais ceux qui craignent de n'être que les esclaves de cette machine peuvent à bon droit, compte tenu des exemples du passé, développer des réactions de rejet. Finalement le bénéfice immédiat tiré par un pays riche et puissant de l'asservissement de pays pauvres et faibles est aujourd'hui beaucoup plus que compensé par les conséquences, désastreuses à long terme, de cette attitude.

Dans tous les domaines il faut reconnaître l'évidence : les vieilles recettes ne sont plus valables ; qu'on le déplore ou qu'on s'en réjouisse notre monde n'est plus le même. Si tant de raisonnements aboutissent à des actes qui provoquent des effets inverses de ceux attendus, c'est que, sans doute, la réalité est autre que celle décrite par les mots.

Chômage désespérant ou loisirs épanouissants

Ce décalage apparaît évident à propos du chômage. Que des milliers d'hommes et de femmes soient amenés à manifester dans les rues en réclamant du travail, est difficilement compréhensible par ceux qui ont à l'esprit que « travail » signifie « torture ». En fait ce qu'ils réclament ce n'est pas du travail, c'est assez de ressources pour mener une existence décente. De

Vivre ensemble

même les hommes politiques s'efforçant de « créer des emplois » oublient, selon l'expression d'Alfred Sauvy, que « le travail est le passif de l'économie, l'actif étant la satisfaction des besoins ». Ces contresens sont significatifs. Quelle que soit notre position sur ce problème, nous réagissons comme si le système économique lentement mis en place depuis des millénaires était toujours valable. Il tirait les conséquences du fait que les biens disponibles sont en quantité limitée, et surtout en quantité insuffisante pour satisfaire tous les besoins. Pour les répartir, il faut tenir compte de la propriété des multiples moyens de production (terres ou machines) et aussi de la participation aux diverses opérations nécessitées par cette production ; la première part rémunère le *capital*, la seconde rémunère le *travail*. Cette répartition a provoqué des querelles sans fin entre théoriciens et des conflits violents entre protagonistes soucieux d'accroître leur part, propriétaires contre fermiers, employeurs contre salariés.

La révolution technologique transforme complètement les données du problème. Certains produits industriels sont fabriqués en quantités quasi illimitées, le travail nécessaire diminue constamment et tend vers zéro ; le « coût marginal », c'est-à-dire la dépense à consentir pour produire une unité supplémentaire, est, dans bien des cas, négligeable. Or, ce coût marginal jouait dans l'économie d'hier un rôle décisif ; c'est lui qui fondait nombre de décisions des investisseurs et servait de référence pour stabiliser les prix des divers biens à des niveaux correspondant à un certain optimum. Lorsque ce coût marginal est quasi nul, la référence disparaît.

La machine économique fonctionne grâce à un cycle basé sur la notion de valeur : le travail justifie le salaire ; le salaire permet d'acheter des biens ; le produit de la vente de ceux-ci apporte à l'entrepreneur le moyen de fabriquer d'autres biens, et de distribuer des salaires, etc. Le moteur de ce circuit est le désir, ou le besoin, de biens nouveaux qui incite chacun à supporter la peine d'un travail. Si la production ne nécessite plus qu'un travail dérisoire, c'est tout ce cycle qui se trouve désamorcé. Ce n'est donc plus en fonction du salaire mérité par le travail que peuvent être répartis les biens produits.

De proche en proche, ce sont tous les mécanismes de la régulation économique qui ne peuvent plus jouer leur rôle. La machine s'affole et s'engage dans des processus non maîtrisés aboutissant à des distorsions catastrophiques.

Le commerce international est le domaine où cet affolement est le plus patent. En quelques mois la valeur du dollar exprimée en francs peut augmenter ou diminuer de moitié sans que les spécialistes puissent le prévoir, ni même l'expliquer sérieusement après coup. De même le prix du pétrole a été divisé par trois en moins d'un an en 1985-1986. Cette instabilité est le signe d'une modification fondamen-

Vivre ensemble

tale des règles du jeu ; mais les joueurs continuent imperturbablement à se comporter comme si rien n'avait changé. Ce ne serait que pittoresque si le sort de millions d'hommes n'était en cause.

Nos sociétés s'approchent de la situation, tant rêvée depuis des siècles par les utopistes, où la malédiction du travail sera enfin écartée. Autrefois on appelait cela « l'âge d'or ». Maintenant que cet âge d'or apparaît non plus comme inaccessible, mais comme une réalité présente à l'horizon, absurdement on l'appelle « crise » et l'on se lamente.

Le but de l'organisation sociale n'est pas de donner du travail à tous, mais de faire à chacun une place telle qu'il puisse s'autoconstruire en participant à l'autoconstruction des autres. Cette réalisation des hommes par eux-mêmes est sans limites ; personne n'est donc de trop. Certains économistes signalent le danger : « Le temps arraché au travail peut être le temps vide de l'ennui et de la désespérance ; il peut être le temps contraint de l'aliénation mercantile ou étatique ; il peut enfin devenir le temps riche de l'épanouissement humain » (René Passet).

Le domaine où un changement d'état d'esprit est le plus nécessaire est sans doute le système éducatif. Pour un homme, vivre, c'est s'interroger. Nous sommes constamment avides de nouveaux regards, sur l'univers qui nous entoure, et sur nous qui sommes le centre de cet univers ; la construction de nous-mêmes par nous-mêmes se nourrit de questions renouvelées

Vivre ensemble

sans fin et des quelques réponses apportées par les avancées de la science. Le rôle de l'« école » sous toutes ses formes est de répondre à ce besoin, bien sûr de façon préférentielle au cours de l'enfance et de l'adolescence, mais aussi tout au long de la vie.

La présence de 10 % de chômeurs est la marque de notre incapacité à insérer dans le système économique 10 % de la force de production disponible. Transformons ce surplus en une durée de loisirs offerte à chacun ; 10 % de la durée de la vie active, c'est l'équivalent de trois années « sabbatiques ». Pourquoi ne pas les accorder dès à présent à tous ceux qui désirent, vers la trentaine, se réorienter, apprendre un autre métier, renouveler leur trésor de questions ? Ce serait une bonne façon d'appliquer le conseil du philosophe Gaston Bachelard demandant de « ne plus mettre l'école au service de la société, mais la société au service de l'école ».

Nous y avons insisté dès le premier chapitre, pour faire un homme il faut des hommes. Cette réalisation collective où chacun s'autoconstruit en participant à la construction des autres est la tâche première des hommes. Comment alors admettre sans incohérence que des hommes puissent être de trop ?

Vivre ensemble

Construire l'humanitude

Léopold Senghor a forgé un mot nouveau pour désigner l'ensemble des apports des civilisations d'Afrique centrale, l'ensemble des cadeaux faits aux autres hommes par les hommes à peau noire : la « négritude ». Les cadeaux que les hommes se sont faits les uns aux autres depuis qu'ils ont conscience d'être, et qu'ils peuvent se faire encore en un enrichissement sans limites, désignons-le par le mot « humanitude ».

En quoi consiste-t-elle ?

Leur capacité de raisonner, les hommes l'ont utilisée pour comprendre peu à peu le fonctionnement du monde qui les entoure. Au-delà des apparences, ils ont su découvrir des constances, imaginer des lois, élaborer des modèles explicatifs. Leur cerveau leur a appris à ne pas toujours croire leurs yeux. Ce qui était mystère est devenu phénomène conforme à la prévision. Grâce à la science, les hommes ont pu reculer la frontière qui sépare ce qu'ils dominent de ce qui leur échappe. Ils ont ainsi développé leur prise sur ce qui les entoure.

Leur capacité à s'émouvoir, les hommes l'ont utilisée pour forger d'étranges concepts, ainsi la

Vivre ensemble

beauté ou l'amour. Nous nous émerveillons devant un ciel d'été, mais il n'est beau que parce que nous le regardons. Dans cet univers qui ne sait qu'être, nous avons apporté l'émerveillement devant ce qui est.

Leur capacité à prendre conscience d'eux-mêmes, les hommes l'ont utilisée pour imaginer des exigences, ainsi l'égalité, la dignité, la justice. Quelles étranges inventions ! Rien dans la nature ne nous enseigne l'égalité, ni la dignité, ni la justice. Mais nous avons, sans que l'inspiration n'en vienne d'ailleurs que de nous, déclaré un jour que nous voulions réaliser l'égalité en droit de tous les hommes.

L'humanitude, c'est ce trésor de compréhensions, d'émotions et surtout d'exigences, qui n'a d'existence que grâce à nous et sera perdu si nous disparaissons.

Les hommes n'ont d'autre tâche que de profiter du trésor d'humanitude déjà accumulé et de continuer à l'enrichir. Force est de constater qu'ils se consacrent à de tout autres objectifs.

Nous voulions faire un état des lieux de notre propriété de famille, la Terre. Le constat est effroyable. Nous avons insisté sur le scandale qu'est le gâchis humain du chômage ; nous avons essayé d'être lucide face à la course folle vers le suicide nucléaire : des millions d'hommes, chaque jour, gagnent leur vie en participant à la mise au point et à la production de moyens de destruction qui ne peuvent que faire gagner la mort. Nous avons mesuré l'écart entre

Vivre ensemble

l'inutile abondance dilapidée par une minorité et l'insupportable misère subie par la majorité des hommes.

Notre vaisseau spatial est dans un triste état. Il peut d'un jour à l'autre exploser, il peut aussi lentement se dégrader, devenir une triste prison où des milliards d'hommes, transis par la peur les uns des autres, animés seulement par la haine, n'auront d'autre espoir que de survivre quelques années à leurs ennemis.

C'est trop absurde. Une autre voie est possible. Elle nécessite d'abord que nous sachions nous regarder lucidement les uns les autres. Bien des drames actuels viennent, dit le philosophe Lucien Sève, de ce que les hommes des autres camps n'ont pas pour nous de visage : il est tellement plus facile de traiter quelqu'un en ennemi quand nous ne voyons rien de lui. Nous vivons dès maintenant un hiver affectif préfigurant l'hiver nucléaire qui nous menace. Il faut forcer le dégel et provoquer, cela ne dépend que de nous, un printemps de regards.

Il faut aussi se débarrasser des réflexes d'agressivité dont il est ridicule de prétendre qu'ils font partie de la « nature » humaine. Les rapports entre les hommes sont nécessairement conflictuels, mais un conflit peut se résoudre autrement que par la guerre et par la destruction. Il est fort probable que, durant la plus grande partie de l'histoire de l'humanité, le recours à la guerre a été inconnu ou exceptionnel. C'est une

Vivre ensemble

invention récente, vieille seulement de quelque huit ou dix mille ans ; elle n'a pris qu'au cours des derniers développements de nos sociétés les traits que nous lui connaissons. Ce recours n'est plus possible sans risque de suicide général. Depuis quelques siècles les hommes consacrent l'essentiel de leur imagination à inventer de nouvelles armes, à mettre au point de nouvelles méthodes pour conduire les batailles ; les États entretiennent des académies militaires ; ils sont fiers de leurs écoles de guerre. La paix n'est qu'une parenthèse entre deux guerres. Ce n'est plus acceptable. Notre survie exige de nouvelles attitudes.

S'affronter, c'est être front à front, c'est-à-dire intelligence à intelligence, et non force contre force. Ce n'est plus à la guerre qu'il faut consacrer nos recherches, mais aux moyens de résoudre nos conflits en préservant la paix ; c'est d'écoles de paix dont tous les États, et d'abord les plus puissants, ont besoin. Voilà la tâche de la génération qui vient : inventer la Paix.

— Mon beau bateau, mon vaisseau au juste parcours ! Un peu plus près du soleil et tes trésors ne seraient plus que cendre et vapeur, un peu plus loin et ils ne seraient plus que roc et glace. Tu ne t'écartes pas de l'orbite idéale qui permet le jeu fécond, sans cesse renouvelé, des associations, des explorations, de la création, de la vie. Mon beau bateau, que faisons-nous de toi ? Qu'allons-nous faire de toi si se poursuit notre absurde fureur destructrice !

— Pendant quatre milliards d'années je n'ai dépendu que des forces aveugles du cosmos. Mais ces forces m'ont réservé un sort singulier. Sur les planètes, mes sœurs, rien de nouveau n'est apparu ; leur histoire est désespérément vide. La mienne a été fabuleusement riche. Quelle aventure, ce prodigieux passage des premières molécules d'ADN à la complexité, à la diversité, des espèces vivant aujourd'hui à ma surface !

Vivre ensemble

Et maintenant c'est de vous, les hommes, que je dépends. Vous vous êtes donné le pouvoir de mettre un terme à l'aventure ; vous pouvez saborder le navire et anéantir tous les passagers.

Pourtant, comme vous êtes beaux ! De tous les êtres que j'ai portés, vous êtes les plus merveilleux. Vous êtes des merveilles, comprenez-le ! Réveillez-vous de votre cauchemar fou ! Ouvrez grands les yeux sur vous-mêmes, et sur moi qui vous porte.

Épargnez-moi l'hiver définitif ; ensemble poursuivons la ronde des saisons.

Quelques références

Chapitre 1

Changeux, J.-P., *L'Homme neuronal,* Fayard, 1983.
Jacquard, A., *Moi et les Autres,* Le Seuil, 1983.
Reeves, H., *L'Heure de s'enivrer,* Le Seuil, 1986.

Chapitre 2

Biraben, J.-N., « Essai sur l'évolution du nombre des hommes », *Population*, 1979, p. 13-25.
Bourgeois-Pichat, J., « Le nombre des hommes et sa gestion par l'homme », *La Science, le Citoyen, la Politique*, Hachette, 1986.
Fourastié, J., « De la vie traditionnelle à la vie " tertiaire " », *Population*, 1959, p. 417-432.
Pressat, R., *Démographie sociale*, PUF, 1978.

Chapitre 3

Flem, L., *Le Racisme*, M.A. Éditions, 1985.
Guillaumin, C., « Les avatars de la notion de race », *Le Genre humain*, 1, p. 55-65.

Quelques références

Jacob, F., « Biologie et racisme », *Le Genre humain*, 1, p. 66-69.
Langaney, A., « Diversité et histoire humaines », *Population*, 1979, p. 985-1006.
Nataf, A., *La Parole perdue*, Les Lettres libres, 1985.

Chapitre 4

Ehrlich, P., Sagan, C., Kennedy, D., et Roberts, W., *Le Froid et les Ténèbres*, Belfond, 1981.
Hoffmann, B., *Albert Einstein, créateur et rebelle*, Le Seuil, 1975.

Chapitre 5

Albertini, J.-M., *Des sous et des hommes*, « Point-Virgule », Seuil, 1985.
Lévy, M.-L., « Tous les pays du monde, 1985 », *Population et Société*, juillet 1981.
Passet, R., *La Prévision à long terme en économie*, colloque UNESCO, décembre 1985.
Sève, L., Intervention au Congrès des psychologues pour la paix, Munster, décembre 1985.

Table

Introduction 9

I. Du Big Bang à nous 11

Le temps neutralisé 12
Le temps créateur 17
L'évolution 22
Homo Sapiens 26
Le système nerveux central 30
Une définition de l'homme 36
L'homme et la durée 38

II. Le nombre des humains 43

Concepts et paramètres de la démographie . 44
Les quatre révolutions démographiques . . 51
Conséquences sociales des révolutions démographiques 56
Les décalages démographiques 60
La planète bientôt saturée ? 63
Vers une cinquième révolution démographique 70

III. Raciste ? Moi ! 73

    Ce que nous apporte la nature 75
    Comment définir les races ? 86
    De l'absence de races à la présence du racisme 93
    Vers une société pluriculturelle 100

IV. Le possible suicide nucléaire 107

    La courte histoire de l'arme nucléaire . . 108
    L'hiver nucléaire 118
    La logique de la menace est-elle encore valable ? 121
    Équilibre et stabilité 123
    Les armes tuent avant même de servir . . 129
    Comment échapper à la catastrophe nucléaire ? 132

V. Vivre ensemble 137

    Le concept de valeur 138
    Le Produit national brut (PNB) 141
    La faim 144
    Le chômage 150
    La planète d'hier et celle d'aujourd'hui . . 153
    Chômage désespérant ou loisirs épanouissants 158
    Construire l'humanitude 163

    Quelques références 169

Du même auteur

AUX MÊMES ÉDITIONS

Éloge de la différence
coll. «Points Sciences», 1981

Moi et les Autres
coll. «Point-Virgule», 1983

Au péril de la science ?
coll. «Points Sciences», 1984

L'Héritage
de la liberté
coll. «Science ouverte», 1986
coll. «Points Sciences», 1991

Abécédaire de l'ambiguïté
coll. «Point-Virgule», 1989

Moi je viens d'où ?
coll. «Petit Point», 1989

C'est quoi l'intelligence ?
coll. «Petit Point», 1989

Voici le temps du monde fini
1991
coll. «Points Essais», 1993

Un monde sans prisons ?
(avec la contribution d'Hélène Amblard)
coll. «Point-Virgule», 1993

E = CM2
coll. «Petit Point», 1993

Absolu
avec l'Abbé Pierre
(dialogue animé par Hélène Amblard)
1994

CHEZ D'AUTRES ÉDITEURS

Structure génétique des populations
Masson, 1970

Les Probabilités
PUF, 1974
et coll. «Que sais-je?», 1992

Génétique des populations humaines
PUF, 1974

L'Étude des isolats. Espoirs et limites
(sous la direction d'A. Jacquard)
PUF-INED, 1976

Concepts en génétique des populations
Masson, 1977

Inventer l'homme
Éd. Complexe, Bruxelles, 1984
et coll. «Complexe poche», 1991

Les Scientifiques parlent...
(sous la direction d'A. Jacquard)
Hachette, coll. «La force des idées», 1987

Idées vécues
(en collaboration avec Hélène Amblard)
Flammarion, 1989
et coll. «Champs», 1991

Tous pareils, tous différents
(en collaboration avec Jean-Marie Poissenot)
Nathan, 1991

La Légende de la vie
Flammarion, 1992

Deux Sacrés Grumeaux d'étoiles
(en collaboration avec Pef)
Éd. de la Nacelle, 1992

L'Utopie ou la Mort
Canevas, 1993

L'Explosion démographique
Flammarion, 1993

Qu'est-ce que l'hérédité ?
Grancher, 1993

COMPOSITION : IMPRIMERIE HÉRISSEY À ÉVREUX
IMPRESSION : BRODARD ET TAUPIN À LA FLÈCHE (11-94)
D.L FÉVRIER 1987. N° 9481-6 (6363 K-5)

Collection Points

SÉRIE POINT-VIRGULE

V1. Manuel de savoir-vivre à l'usage des rustres
et des malpolis, *par Pierre Desproges*
V2. Petit Fictionnaire illustré, *par Alain Finkielkraut*
V3. Quand j'avais cinq ans, je m'ai tué
par Howard Buten
V4. Lettres à sa fille (1877-1902), *par Calamity Jane*
V5. Café Panique, *par Roland Topor*
V6. Le Jardin de ciment, *par Ian McEwan*
V7. L'Age-déraison, *par Daniel Rondeau*
V8. Juliette a-t-elle un grand Cui ?, *par Hélène Ray*
V9. T'es pas mort !, *par Antonio Skarmeta*
V10. Petite Fille rouge avec un couteau
par Myrielle Marc
V11. Manuel à l'usage des enfants qui ont des parents
difficiles, *par Jeanne Van den Brouck*
V12. Le A nouveau est arrivé
par Pierre Ziegelmeyer et Jean-Benoît Thirion
V13. Comment faire l'enfant (17 leçons pour ne pas grandir)
par Delia Ephron
V14. Zig-Zag, *par Alain Cahen*
V15. Plumards, de cheval, *par Groucho Marx*
V16. Bleu, je veux, *par Gisèle Bienne*
V17. Moi et les Autres, *par Albert Jacquard*
V18. Au vrai chic anatomique, *par Frédéric Pagès*
V19. Le Petit Pater illustré, *par Jacques Pater*
V20. Cherche souris pour garder chat, *par Hélène Ray*
V21. Un enfant dans la guerre, *par Saïd Ferdi*
V22. La Danse du coucou, *par Aidan Chambers*
V23. Les Mémoires d'un amant lamentable
par Groucho Marx
V24. Le Cœur sous le rouleau compresseur
par Howard Buten
V25. Le Cinéma américain. Les années cinquante
par Olivier-René Veillon
V26. Voilà un baiser, *par Anne Perry-Bouquet*
V27. Le Cycliste de San Cristobal
par Antonio Skarmeta
V28. Tchao l'enfance, craignons l'amour, *par Delia Ephron*
V29. Mémoires capitales, *par Groucho Marx*
V30. Dieu, Shakespeare et moi, *par Woody Allen*

V31. Dictionnaire superflu à l'usage de l'élite et des bien nantis, *par Pierre Desproges*
V32. Je t'aime, je te tue, *par Morgan Sportes*
V33. Rock-Vinyl (Pour une discothèque du rock) *par Jean-Marie Leduc*
V34. Le Manuel du parfait petit masochiste *par Dan Greenburg*
V35. L'Oiseau Canadèche, *par Jim Dodge*
V36. Des sous et des hommes, *par Jean-Marie Albertini*
V37. De l'univers à nous, *par Robert Clarke*
V38. Pour en finir une bonne fois pour toutes avec la culture, *par Woody Allen*
V39. Le Gone du Chaâba, *par Azouz Begag*
V40. Le Cinéma américain. Les années trente *par Olivier-René Veillon*
V41. Mistral gagnant, chansons et dessins, *par Renaud*
V42. Les Aventures d'Adrian Mole, 15 ans *par Sue Townsend*
V43. Le Palais des claques, *par Pascal Bruckner*
V44. La Cuisine cannibale, *par Roland Topor*
V45. Le Livre d'Étoile, *par Gil Ben Aych*
V46. Les Dingues du nonsense *par Robert Benayoun*
V47. Le Grand Cerf-Volant, *par Gilles Vigneault*
V48. Comment choisir son psychanalyste *par Oreste Saint-Drôme*
V49. Slapstick, *par Buster Keaton*
V50. Chroniques de la haine ordinaire *par Pierre Desproges*
V51. Cinq Milliards d'hommes dans un vaisseau *par Albert Jacquard*
V52. Rien à voir avec une autre histoire *par Griselda Gambaro*
V53. Comment faire son alyah en vingt leçons *par Moshé Gaash*
V54. A rebrousse-poil *par Roland Topor et Henri Xhonneux*
V55. Vive la sociale !, *par Gérard Mordillat*
V56. Ma gueule d'atmosphère, *par Alain Gillot-Pétré*
V57. Le Mystère Tex Avery, *par Robert Benayoun*
V58. Destins tordus, *par Woody Allen*
V59. Comment se débarrasser de son psychanalyste *par Oreste Saint-Drôme*
V60. Boum !, *par Charles Trenet*

V61. Catalogue des idées reçues sur la langue
par Marina Yaguello
V62. Mémoires d'un vieux con, *par Roland Topor*
V63. Le Cinéma américain. Les années quatre-vingt
par Olivier-René Veillon
V64. Le Temps des noyaux, *par Renaud*
V65. Une ardente patience, *par Antonio Skarmeta*
V66. A quoi pense Walter?, *par Gérard Mordillat*
V67. Les Enfants, oui! L'Eau ferrugineuse, non!
par Anne Debarède
V68. Dictionnaire du français branché, *par Pierre Merle*
V69. Béni ou le paradis privé, *par Azouz Begag*
V70. Idiomatics français-anglais, *par Initial Groupe*
V71. Idiomatics français-allemand, *par Initial Groupe*
V72. Idiomatics français-espagnol, *par Initial Groupe*
V73. Abécédaire de l'ambiguïté, *par Albert Jacquard*
V74. Je suis une étoile, *par Inge Auerbacher*
V75. Le Roman de Renaud, *par Thierry Séchan*
V76. Bonjour Monsieur Lewis, *par Robert Benayoun*
V77. Monsieur Butterfly, *par Howard Buten*
V78. Des femmes qui tombent, *par Pierre Desproges*
V79. Le Blues de l'argot, *par Pierre Merle*
V80. Idiomatics français-italien, *par Initial Groupe*
V81. Idiomatics français-portugais, *par Initial Groupe*
V82. Les Folies-Belgères, *par Jean-Pierre Verheggen*
V83. Vous permettez que je vous appelle Raymond?
par Antoine de Caunes et Albert Algoud
V84. Histoire de lettres, *par Marina Yaguello*
V85. Tout ce que vous avez toujours voulu savoir sur le sexe
sans jamais oser le demander
par Woody Allen
V86. Écarts d'identité
par Azouz Begag et Abdellatif Chaouite
V87. Pas mal pour un lundi!
par Antoine de Caunes et Albert Algoud
V88. Au pays des faux amis
par Charles Szlakmann et Samuel Cranston
V89. Le Ronfleur apprivoisé, *par Oreste Saint-Drôme*
V90. Je ne vais pas bien, mais il faut que j'y aille
par Maurice Roche
V91. Qui n'a pas vu Dieu n'a rien vu
par Maurice Roche
V92. Dictionnaire du français parlé
par Charles Bernet et Pierre Rézeau

V93.	Mots d'Europe (Textes d'Arthur Rimbaud) *présentés par Agnès Rosenstiehl*
V94.	Idiomatics français-néerlandais, *par Initial Groupe*
V95.	Le monde est rond, *par Gertrude Stein*
V96.	Poèmes et Chansons, *par Georges Brassens*
V97.	Paroles d'esclaves, *par James Mellon*
V98.	Les Poules pensives, *par Luigi Malerba*
V99.	Ugly, *par Daniel Mermet*
V100.	Papa et maman sont morts, *par Gilles Paris*
V101.	Les écrivains sont dans leur assiette, *par Salim Jay*
V102.	Que sais-je ? Rien, *par Karl Zéro*
V103.	L'Ouilla, *par Claude Duneton*
V104.	Le Déchiros, *par Pierre Merle*
V105.	Petite Histoire de la langue, *par Pozner et Desclozeaux*
V106.	Hannah et ses sœurs, *par Woody Allen*
V107.	Les Marx Brothers ont la parole, *par Robert Benayoun*
V108.	La Folie sans peine, *par Didier Raymond*
V109.	Le Dessin d'humour, *par Michel Ragon*
V110.	Le Courrier des lettres, *par Roland Topor*
V111.	L'Affiche de A à Z, *par Savignac*
V112.	Une enfance ordinaire, *par Claude Menuet (Massin)*
V113.	Continuo, *par Massin*
V114.	L'Ilet-aux-Vents, *par Azouz Begag*
V115.	J'aime beaucoup ce que vous faites *par Antoine de Caunes et Albert Algoud*
V116.	Œil de verre, jambe de bois, *par Albert Algoud*
V117.	Bob Marley, *par Stephen Davis*
V118.	Il faudra bien te couvrir, *par Howard Buten*
V119.	Petites Drôleries et Autres Méchancetés sans importance *par Guy Bedos*
V120.	Enfances vendéennes, *par Michel Ragon*
V121.	Amour, toujours !, *par l'Abbé Pierre*
V122.	J'espérons que je m'en sortira, *par Marcello D'Orta*
V123.	Petit Dictionnaire des chiffres en toutes lettres *par Pierre Rézeau*
V124.	Un monde sans prisons ?, *par Albert Jacquard*
V125.	Tout à fait, Jean-Michel ! *par Thierry Roland et Jean-Michel Larqué*
V126.	Le Pensionnaire, *par Claude Menuet (Massin)*
V127.	Le Petit Livre des instruments de musique *par Dan Franck*
V128.	Crac ! Boum ! Hue !, *par Béatrice Le Métayer*
V129.	Bon chic chroniques, *par Caroline Loeb*
V130.	L'Éducation de Bibi l'Infante, *par Agnès Rosenstiehl*

V131. Crimes et Délits, *par Woody Allen*
V132. L'argent n'a pas d'idées, seules les idées font de l'argent
par Jacques Séguéla
V133. Le Retour de Tartarin, *par Albert Algoud*
V134. Une ambulance peut en cacher une autre,
par Antoine de Caunes et Albert Algoud
V135. Lexique du français tabou, *par Pierre Merle*
V136. C'est déjà tout ça, *par Alain Souchon (chansons)*
V137. Allons-y, Alonzo !, *par Marie Treps*
V138. L'Argot des musiciens
par Alain Bouchaux, Madeleine Juteau et Didier Roussin
V139. Le Roi du comique, *par Mack Sennett*
V140. La Reine et Moi, *par Sue Townsend*
V141. Dictionnaire inespéré de 55 termes visités par Jacques Lacan
par Oreste Saint-Drôme
V142. Chroniques enfantines des années sombres
par Ivan Favreau
V143. Sans nouvelles de Gurb, *par Eduardo Mendoza*
V144. Le Petit Livre des gros câlins, *par Kathleen Keating*
V145. Quartiers sensibles, *par Azouz Begag et Christian Delorme*
V146. Sacrée Salade !, *par Delia Ephron*
V147. Mauvaises Nouvelles des étoiles, *par Serge Gainsbourg*
V148. Histoire de Rofo, clown
par Howard Buten et Jean-Pierre Carasso
V149. Vivre surprend toujours, *par Patrice Delbourg*
V150. Les étrangers sont nuls, *par Pierre Desproges*
V151. Vivons heureux en attendant la mort, *par Pierre Desproges*
V152. « Ma vie de chien », *par Ariane Valadié*
V153. Renaud bille en tête, *par Renaud*

Collection Points

SÉRIE ESSAIS

1. Histoire du surréalisme, *par Maurice Nadeau*
2. Une théorie scientifique de la culture
   par Bronislaw Malinowski
3. Malraux, Camus, Sartre, Bernanos, *par Emmanuel Mounier*
4. L'Homme unidimensionnel, *par Herbert Marcuse* (épuisé)
5. Écrits I, *par Jacques Lacan*
6. Le Phénomène humain, *par Pierre Teilhard de Chardin*
7. Les Cols blancs, *par C. Wright Mills*
8. Littérature et Sensation. Stendhal, Flaubert
   par Jean-Pierre Richard
9. La Nature dé-naturée, *par Jean Dorst*
10. Mythologies, *par Roland Barthes*
11. Le Nouveau Théâtre américain
    par Franck Jotterand (épuisé)
12. Morphologie du conte, *par Vladimir Propp*
13. L'Action sociale, *par Guy Rocher*
14. L'Organisation sociale, *par Guy Rocher*
15. Le Changement social, *par Guy Rocher*
17. Essais de linguistique générale
    par Roman Jakobson (épuisé)
18. La Philosophie critique de l'histoire, *par Raymond Aron*
19. Essais de sociologie, *par Marcel Mauss*
20. La Part maudite, *par Georges Bataille* (épuisé)
21. Écrits II, *par Jacques Lacan*
22. Éros et Civilisation, *par Herbert Marcuse* (épuisé)
23. Histoire du roman français depuis 1918
    par Claude-Edmonde Magny
24. L'Écriture et l'Expérience des limites, *par Philippe Sollers*
25. La Charte d'Athènes, *par Le Corbusier*
26. Peau noire, Masques blancs, *par Frantz Fanon*
27. Anthropologie, *par Edward Sapir*
28. Le Phénomène bureaucratique, *par Michel Crozier*
29. Vers une civilisation des loisirs ?, *par Joffre Dumazedier*
30. Pour une bibliothèque scientifique
    par François Russo (épuisé)
31. Lecture de Brecht, *par Bernard Dort*
32. Ville et Révolution, *par Anatole Kopp*
33. Mise en scène de Phèdre, *par Jean-Louis Barrault*
34. Les Stars, *par Edgar Morin*

35. Le Degré zéro de l'écriture
    suivi de Nouveaux Essais critiques, *par Roland Barthes*
36. Libérer l'avenir, *par Ivan Illich*
37. Structure et Fonction dans la société primitive
    par A. R. Radcliffe-Brown
38. Les Droits de l'écrivain, *par Alexandre Soljenitsyne*
39. Le Retour du tragique, *par Jean-Marie Domenach*
41. La Concurrence capitaliste
    par Jean Cartell et Pierre-Yves Cossé (épuisé)
42. Mise en scène d'Othello, *par Constantin Stanislavski*
43. Le Hasard et la Nécessité, *par Jacques Monod*
44. Le Structuralisme en linguistique, *par Oswald Ducrot*
45. Le Structuralisme : Poétique, *par Tzvetan Todorov*
46. Le Structuralisme en anthropologie, *par Dan Sperber*
47. Le Structuralisme en psychanalyse, *par Moustapha Safouan*
48. Le Structuralisme : Philosophie, *par François Wahl*
49. Le Cas Dominique, *par Françoise Dolto*
51. Trois Essais sur le comportement animal et humain
    par Konrad Lorenz
52. Le Droit à la ville, *suivi de* Espace et Politique
    par Henri Lefebvre
53. Poèmes, *par Léopold Sédar Senghor*
54. Les Élégies de Duino, *suivi de* Les Sonnets à Orphée
    par Rainer Maria Rilke (édition bilingue)
55. Pour la sociologie, *par Alain Touraine*
56. Traité du caractère, *par Emmanuel Mounier*
57. L'Enfant, sa « maladie » et les autres, *par Maud Mannoni*
58. Langage et Connaissance, *par Adam Schaff*
59. Une saison au Congo, *par Aimé Césaire*
61. Psychanalyser, *par Serge Leclaire*
63. Mort de la famille, *par David Cooper*
64. A quoi sert la Bourse ?, *par Jean-Claude Leconte* (épuisé)
65. La Convivialité, *par Ivan Illich*
66. L'Idéologie structuraliste, *par Henri Lefebvre*
67. La Vérité des prix, *par Hubert Lévy-Lambert* (épuisé)
68. Pour Gramsci, *par Maria-Antonietta Macciocchi*
69. Psychanalyse et Pédiatrie, *par Françoise Dolto*
70. S/Z, *par Roland Barthes*
71. Poésie et Profondeur, *par Jean-Pierre Richard*
72. Le Sauvage et l'Ordinateur, *par Jean-Marie Domenach*
73. Introduction à la littérature fantastique
    par Tzvetan Todorov
74. Figures I, *par Gérard Genette*
75. Dix Grandes Notions de la sociologie, *par Jean Cazeneuve*

76. Mary Barnes, un voyage à travers la folie
    par Mary Barnes et Joseph Berke
77. L'Homme et la Mort, *par Edgar Morin*
78. Poétique du récit, *par Roland Barthes,
    Wayne Booth, Wolfgang Kayser et Philippe Hamon*
79. Les Libérateurs de l'amour, *par Alexandrian*
80. Le Macroscope, *par Joël de Rosnay*
81. Délivrance, *par Maurice Clavel et Philippe Sollers*
82. Système de la peinture, *par Marcelin Pleynet*
83. Pour comprendre les média, *par M. McLuhan*
84. L'Invasion pharmaceutique
    par Jean-Pierre Dupuy et Serge Karsenty
85. Huit Questions de poétique, *par Roman Jakobson*
86. Lectures du désir, *par Raymond Jean*
87. Le Traître, *par André Gorz*
88. Psychiatrie et Antipsychiatrie, *par David Cooper*
89. La Dimension cachée, *par Edward T. Hall*
90. Les Vivants et la Mort, *par Jean Ziegler*
91. L'Unité de l'homme, *par le Centre Royaumont*
    1. Le primate et l'homme
    par E. Morin et M. Piattelli-Palmarini
92. L'Unité de l'homme, *par le Centre Royaumont*
    2. Le cerveau humain
    par E. Morin et M. Piattelli-Palmarini
93. L'Unité de l'homme, *par le Centre Royaumont*
    3. Pour une anthropologie fondamentale
    par E. Morin et M. Piattelli-Palmarini
94. Pensées, *par Blaise Pascal*
95. L'Exil intérieur, *par Roland Jaccard*
96. Semeiotiké, recherches pour une sémanalyse
    par Julia Kristeva
97. Sur Racine, *par Roland Barthes*
98. Structures syntaxiques, *par Noam Chomsky*
99. Le Psychiatre, son « fou » et la psychanalyse
    par Maud Mannoni
100. L'Écriture et la Différence, *par Jacques Derrida*
101. Le Pouvoir africain, *par Jean Ziegler*
102. Une logique de la communication
     par P. Watzlawick, J. Helmick Beavin, Don D. Jackson
103. Sémantique de la poésie, *par T. Todorov, W. Empson
     J. Cohen, G. Hartman, F. Rigolot*
104. De la France, *par Maria-Antonietta Macciocchi*
105. Small is beautiful, *par E. F. Schumacher*
106. Figures II, *par Gérard Genette*

107. L'Œuvre ouverte, *par Umberto Eco*
108. L'Urbanisme, *par Françoise Choay*
109. Le Paradigme perdu, *par Edgar Morin*
110. Dictionnaire encyclopédique des sciences du langage
    par Oswald Ducrot et Tzvetan Todorov
111. L'Évangile au risque de la psychanalyse, tome 1
    par Françoise Dolto
112. Un enfant dans l'asile, *par Jean Sandretto*
113. Recherche de Proust, *ouvrage collectif*
114. La Question homosexuelle, *par Marc Oraison*
115. De la psychose paranoïaque dans ses rapports
    avec la personnalité, *par Jacques Lacan*
116. Sade, Fourier, Loyola, *par Roland Barthes*
117. Une société sans école, *par Ivan Illich*
118. Mauvaises Pensées d'un travailleur social
    par Jean-Marie Geng
119. Albert Camus, *par Herbert R. Lottman*
120. Poétique de la prose, *par Tzvetan Todorov*
121. Théorie d'ensemble, *par Tel Quel*
122. Némésis médicale, *par Ivan Illich*
123. La Méthode
    1. La nature de la nature, *par Edgar Morin*
124. Le Désir et la Perversion, *ouvrage collectif*
125. Le Langage, cet inconnu, *par Julia Kristeva*
126. On tue un enfant, *par Serge Leclaire*
127. Essais critiques, *par Roland Barthes*
128. Le Je-ne-sais-quoi et le Presque-rien
    1. La manière et l'occasion, *par Vladimir Jankélévitch*
129. L'Analyse structurale du récit, Communications 8
    ouvrage collectif
130. Changements, Paradoxes et Psychothérapie
    par P. Watzlawick, J. Weakland et R. Fisch
131. Onze Études sur la poésie moderne
    par Jean-Pierre Richard
132. L'Enfant arriéré et sa mère, *par Maud Mannoni*
133. La Prairie perdue (Le Roman américain)
    par Jacques Cabau
134. Le Je-ne-sais-quoi et le Presque-rien
    2. La méconnaissance, *par Vladimir Jankélévitch*
135. Le Plaisir du texte, *par Roland Barthes*
136. La Nouvelle Communication, *ouvrage collectif*
137. Le Vif du sujet, *par Edgar Morin*
138. Théories du langage, Théories de l'apprentissage
    par le Centre Royaumont

139. Baudelaire, la Femme et Dieu, *par Pierre Emmanuel*
140. Autisme et Psychose de l'enfant, *par Frances Tustin*
141. Le Harem et les Cousins, *par Germaine Tillion*
142. Littérature et Réalité, *ouvrage collectif*
143. La Rumeur d'Orléans, *par Edgar Morin*
144. Partage des femmes, *par Eugénie Lemoine-Luccioni*
145. L'Évangile au risque de la psychanalyse, tome 2
    par Françoise Dolto
146. Rhétorique générale, *par le Groupe* μ
147. Système de la mode, *par Roland Barthes*
148. Démasquer le réel, *par Serge Leclaire*
149. Le Juif imaginaire, *par Alain Finkielkraut*
150. Travail de Flaubert, *ouvrage collectif*
151. Journal de Californie, *par Edgar Morin*
152. Pouvoirs de l'horreur, *par Julia Kristeva*
153. Introduction à la philosophie de l'histoire de Hegel
    par Jean Hyppolite
154. La Foi au risque de la psychanalyse
    par Françoise Dolto et Gérard Sévérin
155. Un lieu pour vivre, *par Maud Mannoni*
156. Scandale de la vérité, *suivi de* Nous autres Français
    par Georges Bernanos
157. Enquête sur les idées contemporaines
    par Jean-Marie Domenach
158. L'Affaire Jésus, *par Henri Guillemin*
159. Paroles d'étranger, *par Élie Wiesel*
160. Le Langage silencieux, *par Edward T. Hall*
161. La Rive gauche, *par Herbert R. Lottman*
162. La Réalité de la réalité, *par Paul Watzlawick*
163. Les Chemins de la vie, *par Joël de Rosnay*
164. Dandies, *par Roger Kempf*
165. Histoire personnelle de la France, *par François George*
166. La Puissance et la Fragilité, *par Jean Hamburger*
167. Le Traité du sablier, *par Ernst Jünger*
168. Pensée de Rousseau, *ouvrage collectif*
169. La Violence du calme, *par Viviane Forrester*
170. Pour sortir du XXe siècle, *par Edgar Morin*
171. La Communication, Hermès I, *par Michel Serres*
172. Sexualités occidentales, Communications 35
    ouvrage collectif
173. Lettre aux Anglais, *par Georges Bernanos*
174. La Révolution du langage poétique, *par Julia Kristeva*
175. La Méthode
    2. La vie de la vie, *par Edgar Morin*

176. Théories du symbole, *par Tzvetan Todorov*
177. Mémoires d'un névropathe, *par Daniel Paul Schreber*
178. Les Indes, *par Édouard Glissant*
179. Clefs pour l'Imaginaire ou l'Autre Scène
    par Octave Mannoni
180. La Sociologie des organisations, *par Philippe Bernoux*
181. Théorie des genres, *ouvrage collectif*
182. Le Je-ne-sais-quoi et le Presque-rien
    3. La volonté de vouloir, *par Vladimir Jankélévitch*
183. Le Traité du rebelle, *par Ernst Jünger*
184. Un homme en trop, *par Claude Lefort*
185. Théâtres, *par Bernard Dort*
186. Le Langage du changement, *par Paul Watzlawick*
187. Lettre ouverte à Freud, *par Lou Andreas-Salomé*
188. La Notion de littérature, *par Tzvetan Todorov*
189. Choix de poèmes, *par Jean-Claude Renard*
190. Le Langage et son double, *par Julien Green*
191. Au-delà de la culture, *par Edward T. Hall*
192. Au jeu du désir, *par Françoise Dolto*
193. Le Cerveau planétaire, *par Joël de Rosnay*
194. Suite anglaise, *par Julien Green*
195. Michelet, *par Roland Barthes*
196. Hugo, *par Henri Guillemin*
197. Zola, *par Marc Bernard*
198. Apollinaire, *par Pascal Pia*
199. Paris, *par Julien Green*
200. Voltaire, *par René Pomeau*
201. Montesquieu, *par Jean Starobinski*
202. Anthologie de la peur, *par Éric Jourdan*
203. Le Paradoxe de la morale, *par Vladimir Jankélévitch*
204. Saint-Exupéry, *par Luc Estang*
205. Leçon, *par Roland Barthes*
206. François Mauriac
    1. Le sondeur d'abîmes (1885-1933), *par Jean Lacouture*
207. François Mauriac
    2. Un citoyen du siècle (1933-1970), *par Jean Lacouture*
208. Proust et le Monde sensible
    par Jean-Pierre Richard
209. Nus, Féroces et Anthropophages, *par Hans Staden*
210. Œuvre poétique, *par Léopold Sédar Senghor*
211. Les Sociologies contemporaines, *par Pierre Ansart*
212. Le Nouveau Roman, *par Jean Ricardou*
213. Le Monde d'Ulysse, *par Moses I. Finley*
214. Les Enfants d'Athéna, *par Nicole Loraux*

215. La Grèce ancienne, tome 1
	par Jean-Pierre Vernant et Pierre Vidal-Naquet
216. Rhétorique de la poésie, *par le Groupe* μ
217. Le Séminaire. Livre XI, *par Jacques Lacan*
218. Don Juan ou Pavlov
	par Claude Bonnange et Chantal Thomas
219. L'Aventure sémiologique, *par Roland Barthes*
220. Séminaire de psychanalyse d'enfants, tome 1
	par Françoise Dolto
221. Séminaire de psychanalyse d'enfants, tome 2
	par Françoise Dolto
222. Séminaire de psychanalyse d'enfants
	tome 3, Inconscient et destins, *par Françoise Dolto*
223. État modeste, État moderne, *par Michel Crozier*
224. Vide et Plein, *par François Cheng*
225. Le Père : acte de naissance, *par Bernard This*
226. La Conquête de l'Amérique, *par Tzvetan Todorov*
227. Temps et Récit, tome 1, *par Paul Ricœur*
228. Temps et Récit, tome 2, *par Paul Ricœur*
229. Temps et Récit, tome 3, *par Paul Ricœur*
230. Essais sur l'individualisme, *par Louis Dumont*
231. Histoire de l'architecture et de l'urbanisme modernes
	1. Idéologies et pionniers (1800-1910), *par Michel Ragon*
232. Histoire de l'architecture et de l'urbanisme modernes
	2. Naissance de la cité moderne (1900-1940)
	par Michel Ragon
233. Histoire de l'architecture et de l'urbanisme modernes
	3. De Brasilia au post-modernisme (1940-1991)
	par Michel Ragon
234. La Grèce ancienne, tome 2
	par Jean-Pierre Vernant et Pierre Vidal-Naquet
235. Quand dire, c'est faire, *par J. L. Austin*
236. La Méthode
	3. La Connaissance de la Connaissance, *par Edgar Morin*
237. Pour comprendre *Hamlet*, *par John Dover Wilson*
238. Une place pour le père, *par Aldo Naouri*
239. L'Obvie et l'Obtus, *par Roland Barthes*
240. Mythe et Société en Grèce ancienne
	par Jean-Pierre Vernant
241. L'Idéologie, *par Raymond Boudon*
242. L'Art de se persuader, *par Raymond Boudon*
243. La Crise de l'État-providence
	par Pierre Rosanvallon
244. L'État, *par Georges Burdeau*

245. L'Homme qui prenait sa femme pour un chapeau
     par Oliver Sacks
246. Les Grecs ont-ils cru à leurs mythes ?, *par Paul Veyne*
247. La Danse de la vie, *par Edward T. Hall*
248. L'Acteur et le Système
     par Michel Crozier et Erhard Friedberg
249. Esthétique et Poétique, *collectif*
250. Nous et les Autres, *par Tzvetan Todorov*
251. L'Image inconsciente du corps, *par Françoise Dolto*
252. Van Gogh ou l'Enterrement dans les blés
     par Viviane Forrester
253. George Sand ou le Scandale de la liberté, *par Joseph Barry*
254. Critique de la communication, *par Lucien Sfez*
255. Les Partis politiques, *par Maurice Duverger*
256. La Grèce ancienne, tome 3
     par Jean-Pierre Vernant et Pierre Vidal-Naquet
257. Palimpsestes, *par Gérard Genette*
258. Le Bruissement de la langue, *par Roland Barthes*
259. Relations internationales
     1. Questions régionales, *par Philippe Moreau Defarges*
260. Relations internationales
     2. Questions mondiales, *par Philippe Moreau Defarges*
261. Voici le temps du monde fini, *par Albert Jacquard*
262. Les Anciens Grecs, *par Moses I. Finley*
263. L'Éveil, *par Oliver Sacks*
264. La Vie politique en France, *ouvrage collectif*
265. La Dissémination, *par Jacques Derrida*
266. Un enfant psychotique, *par Anny Cordié*
267. La Culture au pluriel, *par Michel de Certeau*
268. La Logique de l'honneur, *par Philippe d'Iribarne*
269. Bloc-notes, tome 1 (1952-1957), *par François Mauriac*
270. Bloc-notes, tome 2 (1958-1960), *par François Mauriac*
271. Bloc-notes, tome 3 (1961-1964), *par François Mauriac*
272. Bloc-notes, tome 4 (1965-1967), *par François Mauriac*
273. Bloc-notes, tome 5 (1968-1970), *par François Mauriac*
274. Face au racisme
     1. Les moyens d'agir
     sous la direction de Pierre-André Taguieff
275. Face au racisme
     2. Analyses, hypothèses, perspectives
     sous la direction de Pierre André Taguieff
276. Sociologie, *par Edgar Morin*
277. Les Sommets de l'État, *par Pierre Birnbaum*
278. Lire aux éclats, *par Marc-Alain Ouaknin*

279. L'Entreprise à l'écoute, *par Michel Crozier*
280. Nouveau Code pénal
    présentation et notes de Mᵉ Henri Leclerc
281. La Prise de parole, *par Michel de Certeau*
282. Mahomet, *par Maxime Rodinson*
283. Autocritique, *par Edgar Morin*
284. Être chrétien, *par Hans Küng*
285. A quoi rêvent les années 90?, *par Pascale Weil*
286. La Laïcité française, *par Jean Boussinesq*
287. L'Invention du social, *par Jacques Donzelot*
288. L'Union européenne, *par Pascal Fontaine*
289. La Société contre nature, *par Serge Moscovici*
290. Les Régimes politiques occidentaux
    par Jean-Louis Quermonne
291. Éducation impossible, *par Maud Mannoni*
292. Introduction à la géopolitique, *par Philippe Moreau Defarges*
293. Les Grandes Crises internationales et le Droit
    par Gilbert Guillaume
294. Les Langues du Paradis, *par Maurice Olender*
295. Face à l'extrême, *par Tzvetan Todorov*
296. Écrits logiques et philosophiques, *par Gottlob Frege*
297. Recherches rhétoriques, Communications 16
    ouvrage collectif

Collection Points

SÉRIE ACTUELS

DERNIERS TITRES PARUS

- A90. Génération 1. Les Années de rêve
  par Hervé Hamon et Patrick Rotman
- A91. Génération 2. Les Années de poudre
  par Hervé Hamon et Patrick Rotman
- A92. Rumeurs, *par Jean-Noël Kapferer*
- A93. Éloge des pédagogues, *par Antoine Prost*
- A94. Heureux Habitants de l'Aveyron, *par Philippe Meyer*
- A95. Milena, *par Margarete Buber-Neumann*
- A96. Plutôt russe que mort!, *par Cabu et Claude-Marie Vadrot*
- A97. Une saison chez Lacan, *par Pierre Rey*
- A98. Le niveau monte, *par Christian Baudelot et Roger Establet*
- A99. Les Banlieues de l'Islam, *par Gilles Kepel*
- A100. Madame le Proviseur, *par Marguerite Genzbittel*
- A101. Naître coupable, naître victime
  par Peter Sichrovsky
- A102. Fractures d'une vie, *par Charlie Bauer*
- A103. Ça n'est pas pour me vanter..., *par Philippe Meyer*
- A104. Enquête sur l'auteur, *par Jean Lacouture*
- A105. Sky my wife! Ciel ma femme!
  par Jean-Loup Chiflet
- A106. La Drogue dans le monde
  par Christian Bachmann et Anne Coppel
- A107. La Victoire des vaincus, *par Jean Ziegler*
- A108. Vivent les bébés!, *par Dominique Simonnet*
- A109. Nous vivons une époque moderne
  par Philippe Meyer
- A110. Le Point sur l'orthographe, *par Michel Masson*
- A111. Le Président, *par Franz-Olivier Giesbert*
- A112. L'Innocence perdue, *par Neil Sheehan*
- A113. Tu vois, je n'ai pas oublié
  par Hervé Hamon et Patrick Rotman
- A114. Une saison à Bratislava, *par Jo Langer*
- A115. Les Interdits de Cabu, *par Cabu*
- A116. L'avenir s'écrit liberté, *par Édouard Chevardnadzé*
- A117. La Revanche de Dieu, *par Gilles Kepel*
- A118. La Cause des élèves, *par Marguerite Gentzbittel*
- A119. La France paresseuse, *par Victor Scherrer*

A120. La Grande Manip, *par François de Closets*
A121. Le Livre, *par Les Nuls*
A122. La Mélancolie démocratique, *par Pascal Bruckner*
A123. Autoportrait d'une psychanalyste
       par Françoise Dolto
A124. L'École qui décolle, *par Catherine Bédarida*
A125. Les Lycéens, *par François Dubet*
A126. Les Années tournantes, *par la revue « Globe »*
A127. Nos solitudes, *par Michel Hannoun*
A128. Allez les filles !
       par Christian Baudelot et Roger Establet
A129. La Haine tranquille, *par Robert Schneider*
A130. L'Aventure Tapie, *par Christophe Bouchet*
A131. Dans le huis clos des salles de bains
       par Philippe Meyer
A132. Les abrutis sont parmi nous, *par Cabu*
A133. Liberté, j'écris ton nom, *par Pierre Bergé*
A134. La France raciste, *par Michel Wieviorka*
A135. Sky my kids ! Ciel mes enfants !
       par Jean-Loup Chiflet
A136. La Galère : jeunes en survie, *par François Dubet*
A137. Le corps a ses raisons, *par Thérèse Bertherat*
A138. Démocratie pour l'Afrique, *par René Dumont*
A139. Monseigneur des autres, *par Jacques Gaillot*
A140. Amnesty International, le parti des droits de l'homme
       par Aimé Léaud
A141. Capitalisme contre capitalisme, *par Michel Albert*
A142. Chroniques matutinales, *par Philippe Meyer*
A143. L'Info, c'est rigolo, *par Les Nuls*
A144. Monaco. Une affaire qui tourne
       par Roger-Louis Bianchini
A145. Les Politocrates, *par François Bazin et Joseph Macé-Scaron*
A146. Les Uns et les Autres, *par Christine Ockrent*
A147. Les Femmes politiques, *par Laure Adler*
A148. J'allais vous dire… Journal apocryphe d'un président
       par Philippe Barret
A149. Bébé Blues. La naissance d'une mère
       par Pascale Rosfelter
A150. La Fin d'une époque, *par Franz-Olivier Giesbert*
A151. Pointes sèches, *par Philippe Meyer*
A152. Le Bonheur d'être Suisse, *par Jean Ziegler*
A153. La Guerre sans nom
       par Patrick Rotman et Bertrand Tavernier
A154. La Régression française, *par Laurent Joffrin*